高等职业教育
大数据与人工智能专业群系列教材

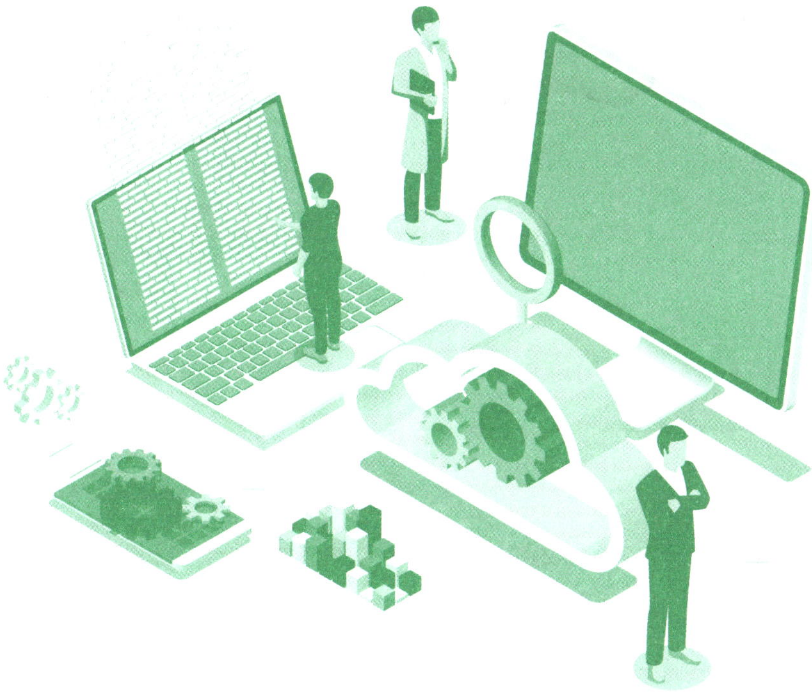

Python程序设计基础及实战

主　编◎刘　健
副主编◎刘永立　陈星野　奚志刚

中国水利水电出版社
www.waterpub.com.cn
·北京·

内 容 提 要

本书共分九个项目，系统地讲述了 Python 程序设计开发相关知识，包括初识 Python、Python 语法基础、组合数据类型、面向过程的程序设计、函数与模块、文件操作、数据库基本应用、面向对象的程序设计、日化销售数据分析综合实例等内容。

本书由基础理论入手，知识面宽，操作性强，理论难度适中，不仅适合高职高专学生学习使用，也适用于 Python 开发人员自学参考。

本书配有电子课件，读者可从中国水利水电出版社网站（www.waterpub.com.cn）或万水书苑网站（www.wsbookshow.com）免费下载。

图书在版编目（CIP）数据

Python程序设计基础及实战 / 刘健主编. -- 北京 : 中国水利水电出版社, 2023.3
高等职业教育大数据与人工智能专业群系列教材
ISBN 978-7-5226-1435-9

Ⅰ. ①P… Ⅱ. ①刘… Ⅲ. ①软件工具－程序设计－高等职业教育－教材 Ⅳ. ①TP311.561

中国国家版本馆CIP数据核字(2023)第046544号

策划编辑：周益丹　责任编辑：王玉梅　加工编辑：周益丹　封面设计：梁燕

书　名	高等职业教育大数据与人工智能专业群系列教材 Python 程序设计基础及实战 Python CHENGXU SHEJI JICHU JI SHIZHAN
作　者	主　编　刘　健 副主编　刘永立　陈星野　奚志刚
出版发行	中国水利水电出版社 （北京市海淀区玉渊潭南路 1 号 D 座　100038） 网址：www.waterpub.com.cn E-mail：mchannel@263.net（答疑） sales@mwr.gov.cn 电话：(010) 68545888（营销中心）、82562819（组稿）
经　售	北京科水图书销售有限公司 电话：(010) 68545874、63202643 全国各地新华书店和相关出版物销售网点
排　版	北京万水电子信息有限公司
印　刷	三河市德贤弘印务有限公司
规　格	184mm×260mm　16 开本　9.5 印张　208 千字
版　次	2023 年 3 月第 1 版　2023 年 3 月第 1 次印刷
印　数	0001—1000 册
定　价	45.00 元

前　言

Python 因其功能强大、简单易学、应用范围广，已成为广大程序开发人员喜爱的程序设计语言之一。本书针对 Python 零基础的学习者，采用“项目引导、任务驱动”的教学方式，使读者不仅能快速掌握编程基础知识，还能编写出解决实际问题的代码并开发复杂的项目。

本书内容编排并不求全、求深，而是考虑零基础读者的接受能力，选择了项目开发中必备、实用的知识进行讲解，知识和配套实例环环相扣，对 Python 程序设计中的环境搭建、基础语法、组合数据类型、流程控制语句、函数与模块、文件操作、数据库基本应用、面向对象编程、综合实例等相关知识由浅入深，逐步涉及实际项目的各个方面。

本书共九个项目，由刘健任主编并统稿，刘永立、陈星野、奚志刚任副主编。项目一、项目二由陈星野编写，项目三由奚志刚编写，项目四、项目七和项目八由刘健编写，项目五、项目六由刘永立编写，项目九由刘健和郑翔编写。

由于编者水平有限，书中不足甚至错误之处在所难免，恳请读者批评指正，我们将在再版时改进。

编　者

2023 年 2 月

目　　录

项目四　面向过程的程序设计

项目五　函数与模块

项目六　文件操作

项目七　数据库基本应用

项目八　面向对象的程序设计

项目九　日化销售数据分析综合实例

参 考 文 献

项目一 初识 Python

知识目标

★ 熟悉 Python 的起源、版本。
★ 熟悉 Python 的特点。
★ 熟悉 Python 的软件安装。
★ 掌握 Python 的开发环境配置。

技能目标

★ 清楚 Python 和其他语言的区别。
★ 熟练应用 Python 开发软件。
★ 熟练掌握 Python 环境配置。

素质目标

★ 培养循序渐进、抗挫折的意识。
★ 能和团队成员沟通合作，共同完成实训任务。

任务一　Python 的起源

Python 的创始人为吉多 • 范罗苏姆（Guido van Rossum）。1989 年的圣诞节期间，为了在阿姆斯特丹打发时间，他决心开发一个新的脚本解释程序，作为 ABC 语言的一种继承。之所以选中 Python 作为程序的名字，是因为他很喜欢 BBC 电视剧《蒙提 • 派森的飞行马戏团》（*Monty Python's Flying Circus*）。ABC 是由 Guido 参加设计的一种教学语言，就其本人看来，ABC 这种语言非常优美和强大，是专门为非专业程序员设计的。但是 ABC 语言并没有成功，究其原因，Guido 认为是非开放造成的。他决心在 Python 中避免这一错误，并获取了非常好的效果，完美结合了 C 和其他一些语言。

就这样，Python 在 Guido 手中诞生了。可以说，Python 是从 ABC 发展起来，主要受到了 Modula-3（另一种相当优美且强大的语言，为小型团体所设计的）的影响，并且结合了 UNIX Shell 和 C 的语言习惯，有着简单、开发速度快、节省时间和精力等特点。Python 本身并非将所有的特性和功能都集成到语言核心，而是被设计为可扩充的。它具有丰富、强大的扩展库，能够将其他语言制作的各种模块轻松地连接在一起，素有“胶水”语言之称。

Python 自发布以来，主要经历了 3 个版本，分别是 1994 年发布的 Python 1.0 版本，2000 年 10 月 16 日发布的 Python 2.0，实现完整的垃圾回收，并且支持 Unicode。同时，整个开发过程更加透明，社群对开发进度的影响逐渐扩大。2008 年 12 月 3 日发布的 Python 3.0，不完全兼容之前的 Python 源代码。不过，很多新特性后来也被移植到旧的 Python 2.6/2.7 版本。

任务二　Python 的特点

1. Python 的应用

Python 是一种功能强大，并且简单易学的编程语言，应用领域非常广泛，概括起来，有以下几个方面。

（1）Web 开发。Python 的一个基本应用就是进行 Web 开发。国内外很多大型公司都使用 Python 做基础设施，如谷歌公司（Google）的网络搜索系统，豆瓣、美团、知乎、搜狐等企业都广泛应用了 Python。

（2）网络爬虫。随着近几年大数据的兴起，爬虫技术的应用被提升到了前所未有的高度，多数数据挖掘、分析公司都以爬虫的方式来获得不同来源的数据集合，为其所用，进而构建属于自己的大数据综合平台，其中 Python 几乎是霸主地位，通过提供的标准支持库，在符合法律法规的允许下，基本上可以做到随意获取想要的数据，广泛应用到多个行业。

（3）人工智能。Python 是一种脚本语言，凭借其简单、快速、可扩展（主要体现在可以应用多个优秀的人工智能框架）等特点，在人工智能领域发展迅速，相对于其他语言具有更大的优势，其中机器学习可以实现人工智能领域中的大多数需求，满足绝大部分自动化运维的需求。

（4）大数据处理。借助第三方的大数据处理框架，利用 Python 能够很容易地开发出大数据处理平台，是金融分析、量化交易领域里使用最多的语言之一。

（5）游戏开发。在游戏开发中 Python 也有很多应用，作为游戏脚本内嵌到游戏中，既可以利用游戏引擎的高性能，又可以受益于脚本化开发的优点。

Python 应用领域远比上面提到的范围更为广泛，例如数据科学、编写系统工具、开发图形界面、编写基于网络的软件、与数据库交互等，Python 都可以实现。

2. Python 与其他语言的区别

市场上开发语言众多，其中 C、Java 都曾长期占据全球编程开发语言的榜首，相对于其他语言，Python 有其特有的优点。

Python 与 Shell：

- Python 语法简单，可移植性好。
- Shell 代码写出来的脚本较长。
- Python 可以重用代码，提倡简洁的代码设计、高级的数据库结构和模块化组件。

Python 与 C/C++：

- Python 是动态编译语言。C 是静态编译语言。
- C/C++ 中内存管理是由开发者管理，Python 则由 Python 解释器负责。
- Python 有很多第三方库。C 语言中对于混杂数组（Python 中的列表）和哈希表（Python 中的字典）还没有相应的标准库。
- Python 不能用来写内核。C 可以。
- 借助 Python 语言提供的 API，使用 C 或者 C++ 来对 Python 进行功能性扩展。

Python 与 Java：

- Python 是动态编译语言。Java 是静态编译语言。
- Python 支持面向对象和函数式编程方式。Java 支持面向对象。
- Python 语法比 Java 更简单，非常适合构造快速原型。
- Python 和 Java 均适合多名程序员以渐进方式协同开发大型项目。

任务三　Python 的安装与运行

进行 Python 开发之前，需要安装 Python 解释器来运行我们写的代码，即通常所说的安装 Python，实际就是安装 Python 解释器。下面以 Windows 操作系统为例介绍如何安装 Python。

1. 下载 Python 安装包

在 Python 的官方网站中可以很方便地下载 Python 安装包，具体步骤如下：

（1）打开浏览器进入 Python 官网，地址为 https://www.python.org，如图 1-1 所示。

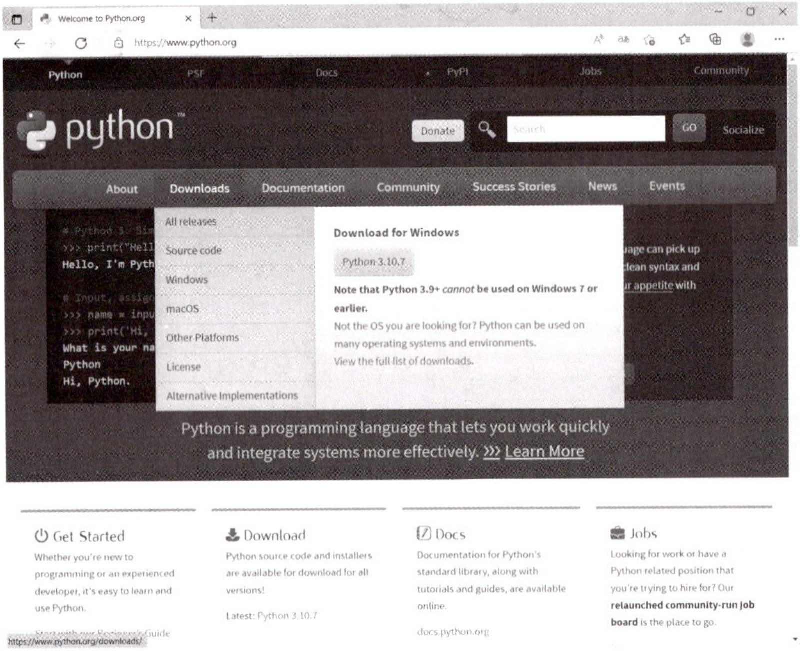

图 1-1　Python 官方网站首页

（2）将鼠标移动到 Downloads 菜单上，将显示下载有关的菜单项。如果使用的是 64 位的 Windows 操作系统，则直接单击 Python 3.10.7 按钮下载 64 位安装包；否则，单击 Windows 菜单项，进入详细的下载列表中。在下载列表中根据需要下载对应的版本。

（3）在 Python 下载列表页面中，将列出 Python 提供的各个版本的下载链接。如图 1-2 所示。

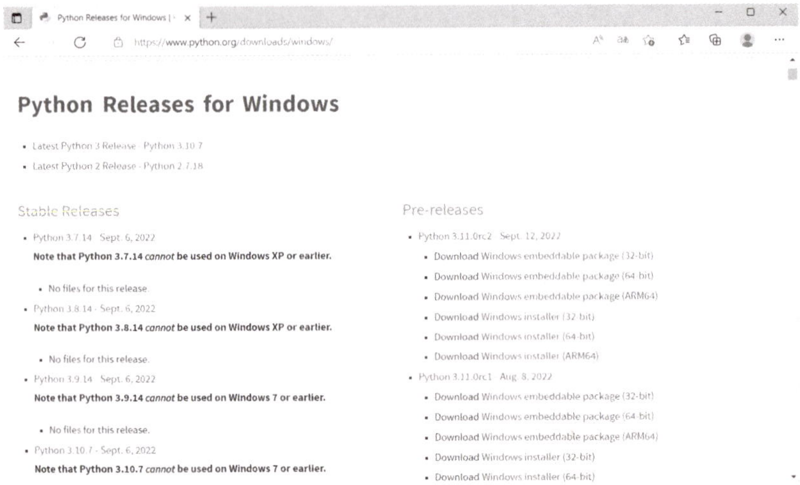

图 1-2　适合 Windows 系统的 Python 下载列表

（4）下载完成后，将得到一个名为 python-3.11.0rc2-amd64 的安装文件，运行后可进行安装。

2. 在 Windows 64 位系统上安装 Python

（1）双击安装文件 python-3.11.0rc2-amd64，将显示安装向导对话框，选中 add Python 3.11 to PATH 复选框，表示将自动配置环境变量，如图 1-3 所示。

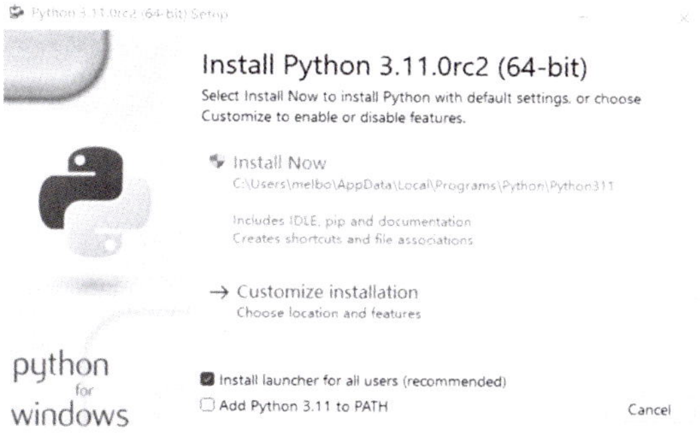

图 1-3　Python 安装向导

（2）单击 Customize installation 按钮，进行自定义安装（自定义安装可以修改安装路径），这里采用默认设置，如图 1-4 所示。

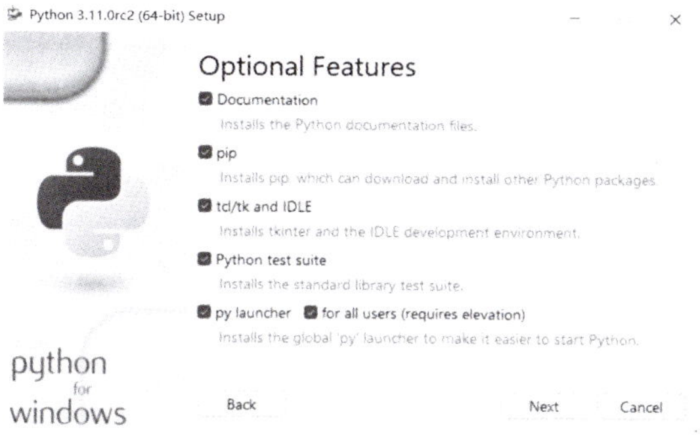

图 1-4　安装选项对话框

（3）单击 Next 按钮，在打开的高级选项对话框中，设置安装路径为 C:\Python\Python311，其他采用默认设置，如图 1-5 所示。

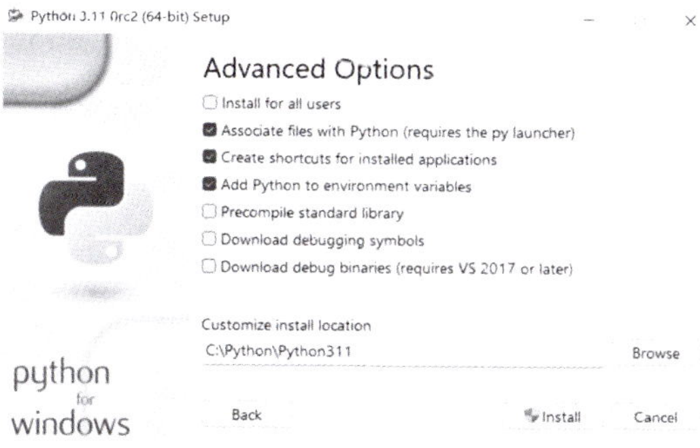

图 1-5　高级选项对话框

（4）单击 Install 按钮，将开始安装 Python，安装完成后，将显示如图 1-6 所示的对话框。

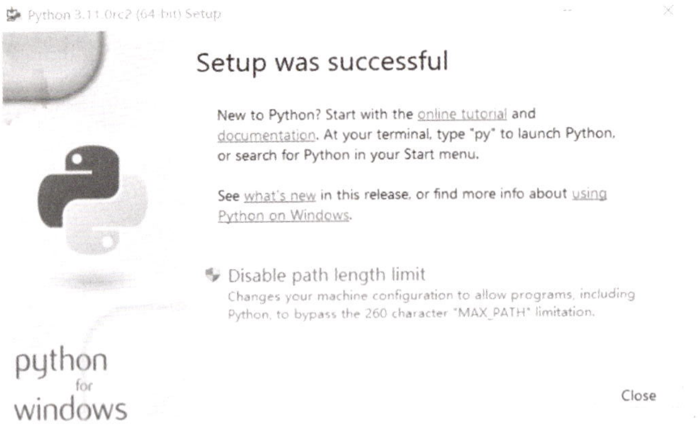

图 1-6　安装完成对话框

3. 测试 Python 是否安装成功

Python 安装成功后，需要检测 Python 是否真的安装成功。例如，在 Windows 10 系统中检测 Python 是否真的安装成功，可以在“开始”菜单右侧的“在这里输入你要搜索的内容”文本框中输入 cmd 命令，然后按 Enter 键，启动“命令提示符”窗口，再在当前的命令提示符后面输入 python，并按 Enter 键，如果出现如图 1-7 所示的信息，则说明 Python 已安装成功，同时也进入交互式 Python 解释器中。

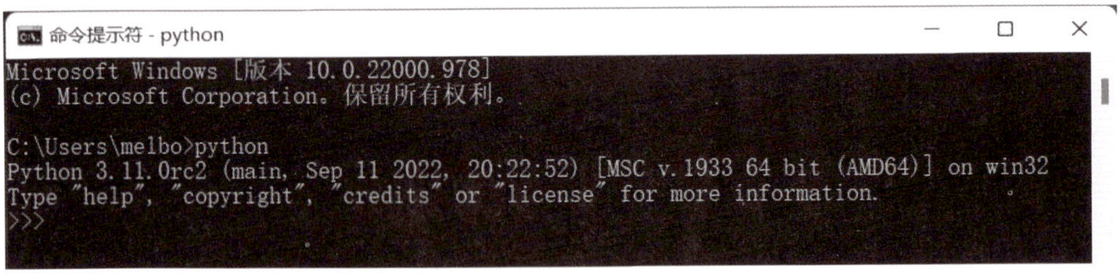

图 1-7　在“命令提示符”窗口中运行 Python 解释器

图 1-7 中的信息是作者计算机中安装的 Python 的相关信息，其中包括 Python 的版本、该版本发行的时间、安装包的类型等。所以如果与此信息不完全相同也没关系，只要命令提示符变为 >>> 就说明 Python 已经准备就绪，正在等待用户输入 Python 命令。这也表示 Python 已安装成功。

4. 编写第一个 Python 程序

程序开发人员学习新语言的第一步就是输出 hello world。我们也从 hello world 开始。

在“命令提示符”窗口中启动的 Python 解释器中编写 Python 程序非常简单方便，下面是编写第一个程序 hello world 的具体步骤。

在“开始”菜单右侧的“在这里输入你要搜索的内容”文本框中输入 cmd 命令，并按 Enter 键，启动“命令提示符”窗口，然后在当前的 Python 提示符后面输入

python，并按 Enter 键，进入 Python 解释器中。或者在当前的 Python 提示符 >>> 的右侧输入以下代码：print("hello world") 并按 Enter 键，如图 1-8 所示。

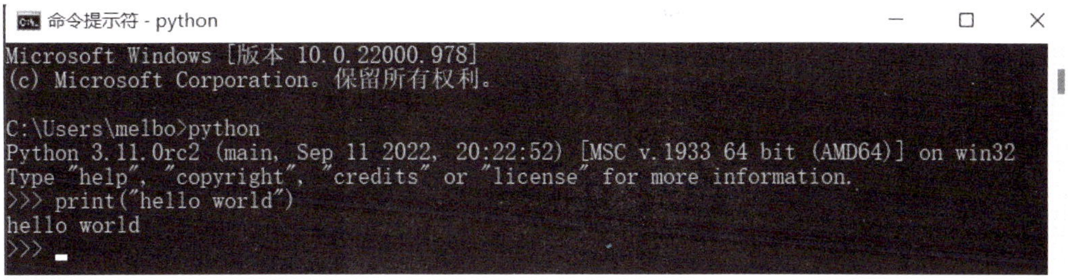

图 1-8　在“命令提示符”窗口中输出 hello world

5. 运行已经编写好的 .py 文件

上面已经介绍了如何在 Python 交互模式中直接编写并运行 Python 代码。如果已经编写好一个 .py 的 Python 文件，如何运行它呢？

要运行一个已经编写好的 .py 文件，在“开始”菜单右侧的“在这里输入你要搜索的内容”文本框中输入 cmd 命令后按 Enter 键，启动“命令提示符”窗口，然后按照以下格式输入代码：

```
python 完整的文件名 ( 包括路径 )
```

例如，要运行 D:\test.py 文件可以使用以下代码：

```
python D:test.py
```

任务四　Anaconda 和 PyCharm 安装及环境配置

除 Python 自带的 IDLE 外，还有很多能够进行 Python 编程的开发工具，下面来学习 Python 开发环境的搭建。

1. Python 的文本编辑环境

Python 的文本编辑环境主要有以下几个：

- VIM：主要在 Linux 下使用。
- IDLE：Python 官方集成开发环境。
- Sublime Text：轻量级的编辑工具。
- Eclipse：收费的。
- Eric4：基于 PyQT4，功能强大。
- Boa：类似于 Delphi 的 IDE（wxPython）。
- WingIDE：共享软件。

其他编辑器：Notepad++，EditPlus ……

2. Python 环境准备

Python 环境配置的主要软件有 Anaconda 和 PyCharm。

Anaconda 是一个开源的 Python 发行版本和第三方库管理器，拥有超过 1400 个软件包，其中包含 Conda 和虚拟环境管理，它们都被包含在 Anaconda Navigator 中，因此无需独立安装每个库。可以使用已经包含在 Anaconda 中的命令 conda install 或者 pip install 从 Anaconda 仓库中安装开源软件包。Anaconda3 默认包含 Python 3.7，可以创建虚拟环境来使用任意版本的 Python 包。

PyCharm 是 JetBrains 出品的集成式开发环境。其常用功能包括：

- 代码分析与辅助功能，拥有补全代码、高亮语法和错误提示等功能。
- 项目和代码导航，有专门的项目视图、文件结构视图，能进行文件、类、方法等的快速跳转。
- 支持网络框架，如 Django、web2py 和 Flask。
- 集成 Python 调试器。
- 集成单元测试，按行覆盖代码。
- 集成版本控制系统，为 Git、Subversion 和 CVS 提供统一的用户界面，拥有修改以及合并功能。

3. 下载软件安装包

（1）下载 Anaconda 安装包。下载地址：https://www.anaconda.com/download/。

根据所使用操作系统选择对应版本的 Anaconda，如图 1-9 所示。

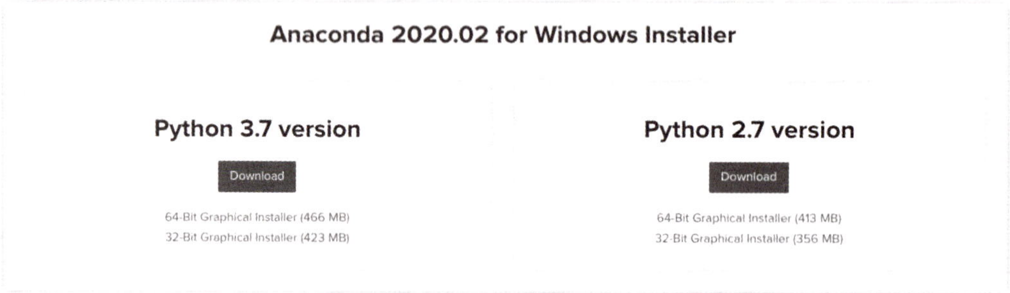

图 1-9　Anaconda 安装包

（2）下载 PyCharm 安装包。下载地址：http://www.jetbrains.com/pycharm/download/。

选择对应操作系统的安装包（后续安装步骤为 Pro 版流程）。

4. 软件安装

（1）Anaconda 安装。

步骤 1：进入安装界面，单击 Next 按钮，如图 1-10 所示。

步骤 2：进入 Anaconda 许可协议界面，单击 I Agree 按钮，如图 1-11 所示。

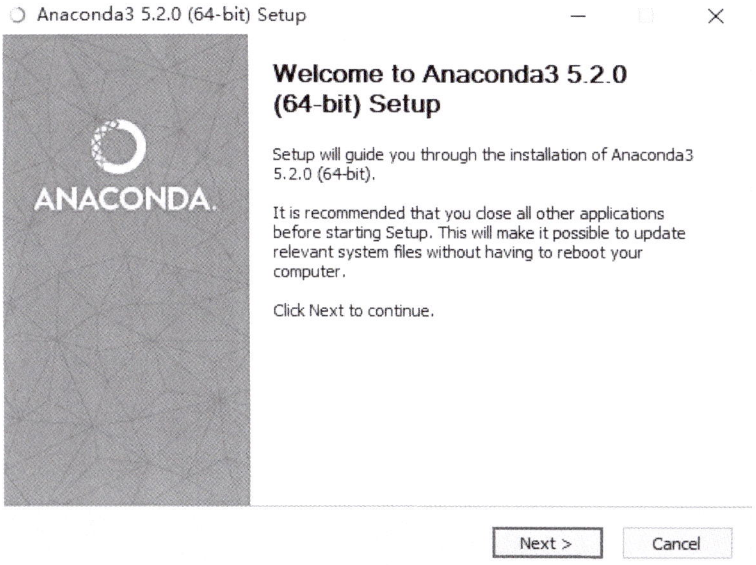

图 1-10　Anaconda 安装界面

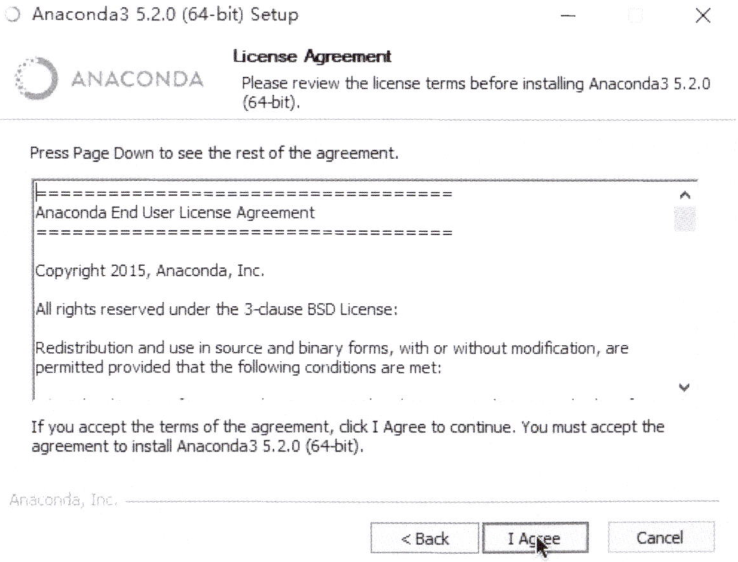

图 1-11　Anaconda 许可协议界面

步骤 3：进入 Anaconda 安装选项界面，选择相应的选项，单击 Next 按钮，如图 1-12 所示。

- 建议选择“Just me (recommended)”（仅为当前用户安装），以便在后续配置 PyCharm 中为 Python 环境选择路径。
- 若选择“All users (requires admin privileges)”（为全部用户安装），需要管理员权限，安装路径默认为 C: 盘根目录下的隐藏文件夹 Program Data。
- 单击 Next 按钮。

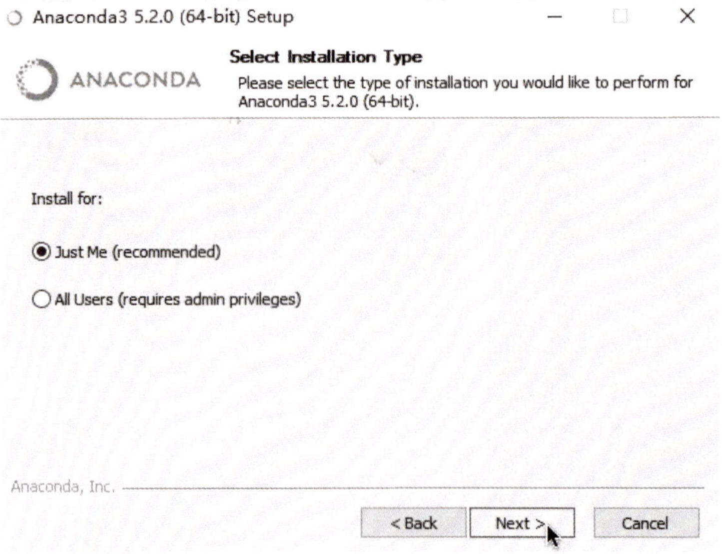

图 1-12　Anaconda 安装选项界面

步骤 4：进入 Anaconda 安装路径界面，选择安装路径，建议使用默认路径，单击 Next 按钮，如图 1-13 所示。

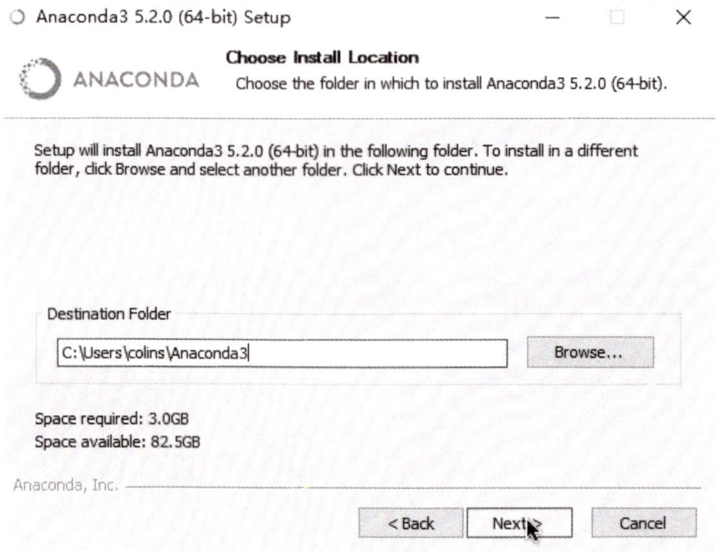

图 1-13　Anaconda 安装路径界面

步骤 5：进入 Anaconda 环境变量设置界面，如图 1-14 所示。

- 在选择额外安装选项的页面建议勾选“Add Anaconda to my PATH environment variable”（将 Anaconda 添加到我的 PATH 环境变量）。
- 勾选“Register Anaconda as my default Python 3.6”（注册 Anaconda 作为我的默认 Python3 环境）。
- 单击 Install 按钮。

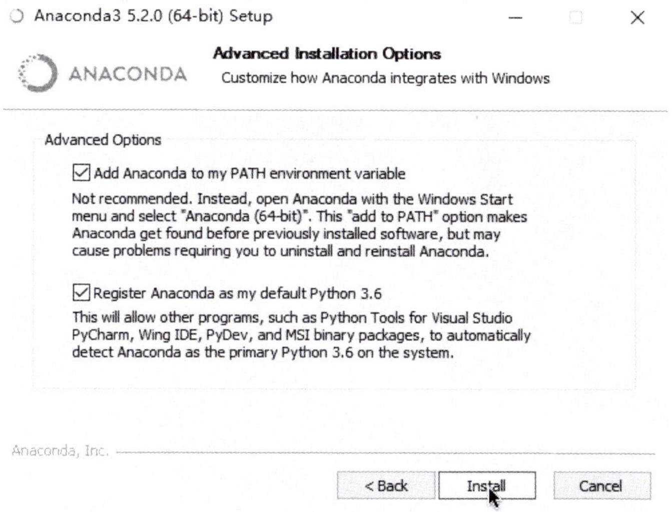

图 1-14　Anaconda 环境变量设置界面

安装完成，界面如图 1-15 所示。

图 1-15　Anaconda 安装完成界面

在完成安装后，可能会出现如图 1-15 所示的提示信息（某些 Anaconda 版本可能会不弹出），可选安装微软 VSCode，也可单击 Skip 按钮完成安装。

（2）PyCharm 安装。PyCharm 是 JetBrains 公司开发的一款 Python 开发工具。在 Windows、Linux、Mac OS 操作系统中都可以使用，具体安装步骤如下。

步骤 1：进入 PyCharm 安装界面，单击 Next 按钮，如图 1-16 所示。

步骤 2：进入 PyCharm 安装路径界面，建议选择默认安装路径，单击 Next 按钮，如图 1-17 所示。

步骤 3：进入 PyCharm 安装选项界面，可以根据自己的电脑配置选择 32 位还是 64 位，可以选择是否设为 .py 文件默认打开方式，单击 Next 按钮，如图 1-18 所示。

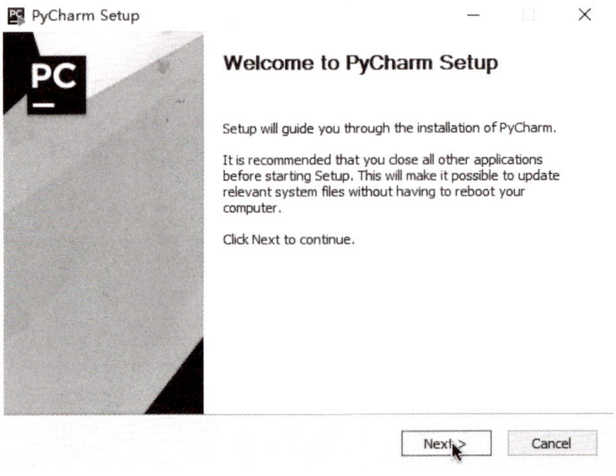

图 1-16　PyCharm 安装界面

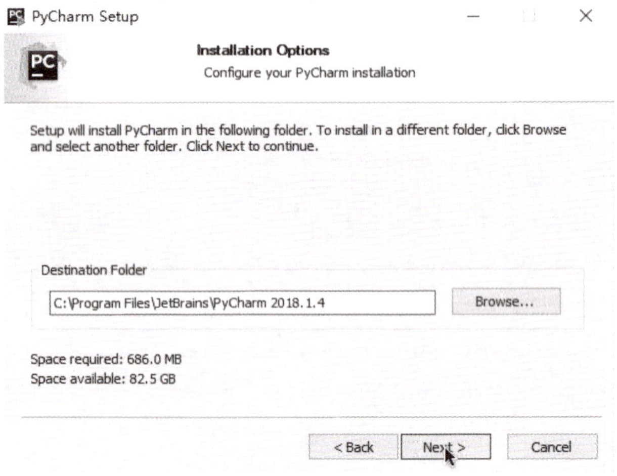

图 1-17　PyCharm 安装路径界面

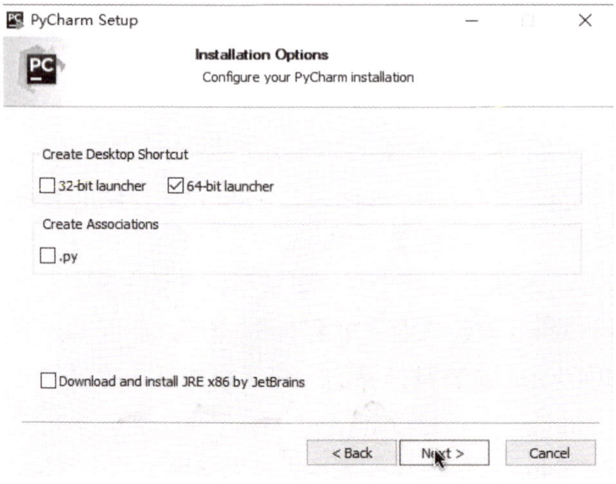

图 1-18　PyCharm 安装选项界面

步骤 4：添加到“开始”菜单，选择 Install 按钮，如图 1-19 所示。

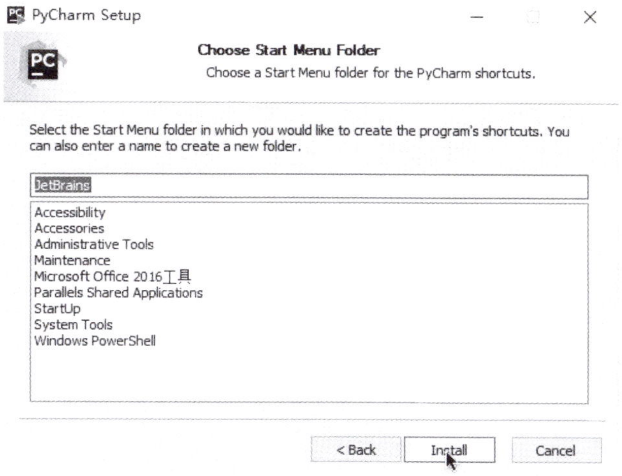

图 1-19　PyCharm 添加到“开始”菜单界面

步骤 5：安装完成，单击 Finish 按钮，如图 1-20 所示。

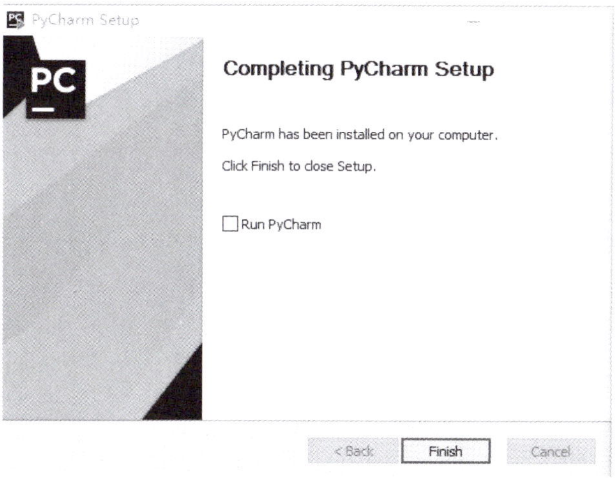

图 1-20　PyCharm 安装完成界面

5. Python 环境配置检测

安装完成后，启动 CMD，在命令行中输入命令 python，检测 Python 环境，出现提示“Anaconda, Inc.”则表示 Anaconda 环境配置完成，如图 1-21 所示。

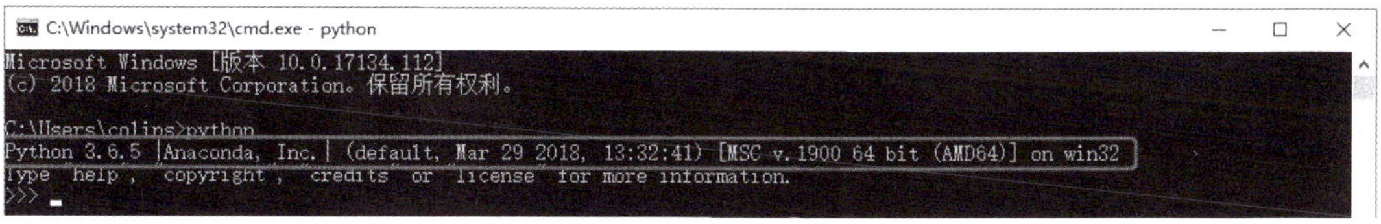

图 1-21　Anaconda 环境配置检测

项 目 小 结

本项目主要讲解 Python 的起源、版本及特点，让读者对 Python 的发展和历史有一定的了解。同时介绍了如何安装 Python 解释器和第三方开发工具，搭建一个可以编辑 Python 程序的环境，并编辑和运行了第一个 Python 程序，为读者后续的编程学习奠定了良好的基础。

思考与练习

一、单项选择题

1．Python 自发布以来，主要经历了（　　）个版本。

A．2　　B．3　　C．4　　D．5

2．下列不是 Python 优点的是（　　）。

A．Python 语法简单，可移植性好

B．Python 是动态编译语言

C．Python 能用来写内核

D．Python 支持面向对象和函数式编程方式

3．下列选项为 Python 的官方集成开发环境的是（　　）。

A．VIM　　B．Eclipse　　C．IDLE　　D．Boa

二、实训题

1．安装配置好 PyCharm 平台，用第三方软件创建一个名为 test.py，内容为当前日期天数的 Python 程序。

2．用 Python 解释器打开第 1 题所创建的 test.py 程序。

项目二 Python 语法基础

知识目标

★ 掌握 Python 变量的应用。
★ 熟悉 Python 的数据类型。
★ 熟悉运算符与表达式。
★ 掌握 Python 基本输入和输出。
★ 掌握字符串应用。

技能目标

★ 能熟练运用变量。
★ 能应用表达式解决问题。
★ 熟练掌握 Python 的输入和输出。
★ 能熟练应用 Python 基础语法。

素质目标

★ 培养良好的编码规范的意识。
★ 能和团队成员沟通合作，共同完成实训任务。

任务一 基础语法

知识准备

学习 Python 需要了解它的语法特点，如编码规范、注释规则、代码缩进等，下面将对学习 Python 时需要了解的语法特点进行介绍。

1. 注释

注释就是在代码中添加标注性文字，类似于语文课本中古诗词的注释，对本行或者某段代码进行解释说明，帮助程序员更好地阅读、理解代码，注释内容会被 Python 解释器忽略，并不会被执行。

在 Python 中通常包括 3 种类型的注释，分别为单行注释、多行注释和文件编码声明注释。

2. 代码缩进

Python 最具特色的就是使用缩进来表示代码块，不像其他程序设计语言需要使用大括号“{}”分隔代码块。

在 Python 代码中，行尾的冒号和下一行的缩进表示一个代码块的开始；而缩进的结束，则表示一个代码块的结束，缩进的空格数是可变的，但是同一个代码块的语句必须包含相同的缩进空格数。

3. 编码规范

代码规整是一种最基本的代码编写规范。遵循一定的代码编写规则可以使代码更加规范化，对代码的理解与维护起到至关重要的作用，避免一些错误和问题，下面简单介绍几个常见的编码规范要求。

（1）多行语句。Python 通常是一行写完一条语句，但如果语句很长，可以使用反斜杠“\”来实现多行语句，例如：

```
total = item_one + \
    item_two + \
    item_three
```

在“[]”“{}”或“()”中的多行语句，不需要使用反斜杠，例如：

```
total = ['item_one',
    'item_two',
    'item_three',
    'item_four',
    'item_five']
```

（2）空行。函数之间或类的方法之间用空行分隔，表示一段新的代码的开始。类和函数入口之间也用一行空行分隔，以突出函数入口的开始。

空行与代码缩进不同，空行并不是 Python 语法的一部分。书写时不插入空行，Python 解释器运行也不会出错。但是空行的作用在于分隔两段不同功能或含义的代码，便于日后代码的维护或重构。

注意：空行也是程序代码的一部分。

（3）同一行显示多条语句。Python 可以在同一行中使用多条语句，语句之间使用分号（;）分割，以下是一个简单的实例：

```
import sys; x = 'TechLab'; sys.stdout.write(x + '\n')
```

执行以上代码，输出结果为：

```
TechLab
```

（4）多个语句构成代码组。缩进相同的一组语句构成一个代码块，我们称之为代码组。

像 if、while、def 和 class 这样的复合语句，首行以关键字开始，以冒号（:）结束，该行之后的一行或多行代码构成代码组。

我们将首行及后面的代码组称为一个子句（clause）。

如下实例：

```
if expression :
   suite
   suite
   suite
elif expression :
   suite
else :
   suite
```

（5）import 与 from...import。在 Python 中用 import 或者 from...import 来导入相应的模块。将整个模块（somemodule）导入（相当于导入的是一个文件夹，是个相对路径），格式为：

```
import somemodule
```

从某个模块中导入某个函数（相当于导入的是一个文件夹中的文件，是个绝对路径），格式为：

```
from somemodule import somefunction
```

从某个模块中导入多个函数，格式为：

```
from somemodule import firstfunc, secondfunc, thirdfunc
```

将某个模块中的全部函数导入，格式为：

```
from somemodule import *
```

（6）命名规范。命名规范在编写代码中起到很重要的作用，尽管不遵守命名规范，程序也可以运行，但使用命名规范可以让程序员更加直观地了解代码所代表的含义，更便捷地获取很多信息，下面介绍一些常用的命名规范。

- 自定义名称时最好避免全数字名称，可以使用字母开头加数字的方式命名如 demo4，而避免 65432 这类的名称。
- 模块名尽量短小，最好能包含代码含义，并且使用全部小写字母，可以使用下划线分隔多个字母，如 game_main、game_login 都是推荐使用的模块名称。
- 包名尽量短小，并使用小写字母，不推荐使用下划线，如 com.demo，而 com_test_soft 则不被推荐使用。
- 函数、类的属性和方法的命名规则同模块类似，推荐采用小写字母，多个字母间用下划线“_”分隔。
- 常量命名时推荐使用大写字母，可以使用下划线。

任务实施

子任务 1　代码注释

1. 单行注释

在 Python 中输入以下代码：

```
#!/usr/bin/python3
# 操作系统执行这个脚本的时候，调用 /usr/bin 下的 Python 解释器
print("Hello, Python!") # 打印输出字符串
```

执行以上代码，输出结果为：

```
Hello, Python!
```

说明：在 Python 中使用 # 作为单行注释的符号，从符号 # 开始直到换行为止，本行所有的内容都作为注释而被 Python 编译器忽略。

单行注释的文本内容起始于 # 符号，其位置可以放在代码前一行，也可以放在代码的右侧。单行注释可以出现在代码中的任意位置，但不能分隔标识符或关键词。

2. 多行注释

在 Python 中输入以下代码：

```
# 第一个注释
# 第二个注释

'''
第三个注释
```

```
第四个注释
'''
或者
"""
第五个注释
第六个注释
"""
print("Hello, Python!")
```

执行以上代码，输出结果为：

```
Hello, Python!
```

说明：在 Python 中并没有像其他语言一样，有单独的多行注释标记，而是包含在一对 ''' 或 """ 字符串对象作为注释，对于这样的代码，解释器将忽略其内容。

3. 文件编码声明

默认情况下，Python 3 源码文件是 UTF-8 编码，所有字符串都是 Unicode 字符串，这种编码支持世界上大多数语言的字符，当然你也可以为源码文件指定不同的编码：

```
'# -*- coding: gbk -*-'
```

上述定义允许在源文件中使用 Windows 中的简体中文字符编码 GBK，对应适合语言为非 Unicode 的简体中文。

子任务 2　缩进区别

在 Python 中输入以下代码：

```
if True:
   print("True")
else:
   print("False")
```

如果上面的代码最后一行语句缩进数的空格数不一致，会导致下面的运行错误：

```
if True:
   print("Answer")
   print("True")
else:
   print("Answer")
 print("False")      # 缩进不一致，会导致运行错误
```

以上程序由于缩进不一致，执行后会出现类似以下错误：

```
IndentationError: unindent does not match any outer indentation level
```

任务评价

评价考核评分表

任务编号	2-1		任务名称	基础语法		
评价项目			分值	评价分数		
				自评	互评（组长评价）	教师评价
职业素养考核项目 40%	团队合作、人际沟通能力		10 分			
	责任意识、服从意识		10 分			
	学习态度主动，积极参加活动		10 分			
	回答问题		10 分			
专业能力考核项目 60%	书写程序规范、正确		10 分			
	掌握注释的使用		10 分			
	熟练使用缩进功能		20 分			
	掌握基本编码规则		20 分			
总分						
总分	自评（20%）+ 互评（20%）+ 师评（60%）		综合等级			

任务二 变　量

知识准备

Python 中的变量不需要声明。每个变量在使用前都必须赋值，变量赋值以后该变量才会被创建。

在 Python 中，变量就是变量，它没有类型，我们所说的“类型”是变量所指的内存中对象的类型。等号（=）用来给变量赋值。

等号（=）运算符左边是一个变量名，等号（=）运算符右边是存储在变量中的值。

1. 标识符

标识符可以简单地理解为一个名字，主要用来标识变量、类、模块、函数和其他对象的命名。Python 标识符的命名有以下几种规则：

- 第一个字符必须是字母表中字母或下划线，不能为数字。
- 标识符的其他的部分由字母、数字和下划线组成。
- 标识符对大小写敏感。

例如合法标识符：USER、book、test2。非法标识符如下所示：

```
2name        # 以数字开头
for          # Python 关键词 / 保留字
&mode        # 不能使用特殊符号 & 开头
```

2. Python 保留字

保留字也称关键字，已经在 Python 中被赋予特定意义，在程序开发中不能把它们用作标识符。Python 的标准库提供 keyword 模块，可以输出当前版本的所有关键字：

```
>>> import keyword
>>> keyword.kwlist
['False', 'None', 'True', 'and', 'as', 'assert', 'break', 'class', 'continue', 'def', 'del', 'elif', 'else', 'except', 'finally', 'for', 'from', 'global', 'if', 'import', 'in', 'is', 'lambda', 'nonlocal', 'not', 'or', 'pass', 'raise', 'return', 'try', 'while', 'with', 'yield']
```

错误示例：

```
for="test message"
print(for)
```

运行上面代码，出现错误信息 invalid syntax。

3. 脚本的运行方式

交互式：在终端启动 Python，以交互式编程模式运行，适合于小段代码的测试。

脚本式：在终端以 python [FileName].py 的形式运行已保存的 Python 脚本文件，适合于较大型项目文件的运行。

任务实施

子任务 1　定义变量

在 Python 中输入以下代码：

```
counter = 100          # 整型变量
miles   = 1000.0       # 浮点型变量
name    = "PythonTest" # 字符串

print (counter)
print (miles)
print (name)
```

执行以上程序会输出如下结果：

```
100
1000.0
PythonTest
```

说明：定义变量时，变量名必须是一个有效的标识符，不能使用 Python 中的保留字，推荐选择有意义的单词作为变量名，能与变量内容有关联最佳，拼音缩写也可以，为变量赋值通过“=”来实现。

子任务 2　多个变量赋值

```
a = b = c = 1
```

说明：Python 允许同时为多个变量赋值。以上实例，创建一个整型对象，值为 1，三个变量都指向同一个内存位置。

a, b, c = 1, 2, "PythonTest"

Python 也可以为多个对象指定多个变量。以上实例，两个整型对象 1 和 2 分配给变量 a 和 b，字符串对象 "PythonTest" 分配给变量 c。

任务评价

评价考核评分表

任务编号	2-2	任务名称	变量		
评价项目		分值	评价分数		
			自评	互评（组长评价）	教师评价
职业素养考核项目 40%	团队合作、人际沟通能力	10 分			
	责任意识、服从意识	10 分			
	学习态度主动，积极参加活动	10 分			
	回答问题	10 分			
专业能力考核项目 60%	书写程序规范、正确	10 分			
	掌握变量的命名及使用	10 分			
	熟悉变量赋值	20 分			
	能熟练调试程序并纠错	20 分			
总分					
总分	自评（20%）+ 互评（20%）+ 师评（60%）	综合等级			

任务三　数据类型

知识准备

Python 中有不同的数据类型，例如存储分数的数值型，存储性别的布尔类型等，下面将对主要基本数据类型进行简单介绍。

1. 数字

在 Python 中数字类型主要包括整数、复数、布尔型和浮点数。

在 Python 3 里，只有一种整数类型 int，表示为长整型，没有 Python 2 中的 long。像大多数语言一样，数值类型的赋值和计算都是很直观的。使用内置的 type() 函数可以用来查询变量所指的对象类型。例如：

```
a, b, c, d = 10, 4.5, True, 6+3j
print(type(a), type(b), type(c), type(d))
```

输出结果为：

```
<class 'int'> <class 'float'> <class 'bool'> <class 'complex'>
```

注意：在 Python 2 中是没有布尔型的，它用数字 0 表示 False，用 1 表示 True。

到 Python 3 中，把 True 和 False 定义成关键字了，但它们的值还是 1 和 0，它们可以和数字相加。

当指定一个值时，Number 对象就会被创建：

```
var1 = 5
var2 = 20
```

也可以使用 del 语句删除一些对象引用。del 语句的语法是：

```
del var1[,var2[,var3[,...,varN]]]
```

可以通过使用 del 语句删除单个或多个对象。例如：

```
del var
del var_a, var_b
```

2. 字符串

字符串就是连续的字符序列，可以是计算机所能标识的众多字符的集合，属于不可变序列，通常情况下字符串用单引号（'）、双引号（"）或括起来，同时使用反斜杠（\\）转义特殊字符。字符串的截取的语法格式如下：

```
变量 [ 头下标 : 尾下标 : 步长 ]
```

索引值以 0 为开始值，-1 为从末尾的开始位置。加号（+）是字符串的连接符，星号（*）表示复制当前字符串，紧跟的数字为复制的次数。

3. Python 数据类型转换

虽然 Python 不需要事先声明变量的类型，但有时候仍然需要对数据内置的类型进行转换，数据类型转换时只需要将数据类型作为函数名即可。

表 2-1 中的内置函数可以执行数据类型之间的转换。这些函数返回一个新的对象，表示转换的值。

表 2-1 内置函数

函数	描述
int(x [,base])	将 x 转换为一个整数
float(x)	将 x 转换到一个浮点数
complex(real [,imag])	创建一个复数
str(x)	将对象 x 转换为字符串
repr(x)	将对象 x 转换为表达式字符串
eval(str)	用来计算在字符串中的有效 Python 表达式，并返回一个对象
tuple(s)	将序列 s 转换为一个元组
list(s)	将序列 s 转换为一个列表
set(s)	转换为可变集合

任务实施

子任务 1 字符串的使用

在 Python 中输入以下代码：

```
str = 'PythonTest'
print(str)              # 输出字符串
print(str[0:-1])        # 输出第一个到倒数第二个的所有字符
print(str[0])           # 输出字符串中的第一个字符
print(str[2:5])         # 输出从第三个开始到第五个结束字符
print(str[2:])          # 输出第三个及其后面的所有字符
print(str * 2)          # 输出字符串两次
print(str + "TEST")     # 连接字符串
```

执行以上程序会输出如下结果：

```
PythonTest
PythonTes
P
tho
thonTest
PythonTestPythonTest
PythonTestTEST
```

另外，Python 还使用反斜杠（\）转义特殊字符，如果不想让反斜杠发生转义，可以在字符串前面添加一个 r，表示原始字符串：

```
>>> print('Python\nTest')
Python
Test
>>> print(r'Python\nTest')
Python\nTest
```

另外，反斜杠（\）可以作为续行符，表示下一行是上一行的延续。也可以使用 """...""" 或者 '''...''' 跨越多行。

注意：Python 没有单独的字符类型，一个字符就是长度为 1 的字符串。

```
>>> str = 'Python'
>>> print(str [0], str[5])
P n
>>> print(str [-1],str[-6])
n P
```

与 C 字符串不同的是，Python 字符串不能被改变。向一个索引位置赋值，比如 str[0] = 'm' 会导致错误。

注意：

（1）反斜杠可以用来转义，使用 r 可以让反斜杠不发生转义。

（2）字符串可以用 “+” 运算符连接在一起，用 “*” 运算符重复。

（3）Python 中的字符串有两种索引方式，从左往右以 0 开始，从右往左以 -1 开始。

（4）Python 中的字符串不能改变。

子任务 2　字符串的输入输出

输入某公司员工姓名和性别，并利用程序完成输出。

在 Python 中输入以下代码：

```
name = input(" 输入员工姓名 :")
sex = input(" 输入员工性别 :")
print("%s 员工性别为 %s"%(name,sex))
```

结果如下：

```
输入员工姓名 : 杨颖
输入员工性别 : 女
杨颖 员工性别为女
```

任务评价

评价考核评分表

任务编号	2-3	任务名称	数据类型		
评价项目		分值	评价分数		
			自评	互评（组长评价）	教师评价
职业素养考核项目 40%	团队合作、人际沟通能力	10 分			
	责任意识、服从意识	10 分			
	学习态度主动，积极参加活动	10 分			
	回答问题	10 分			
专业能力考核项目 60%	书写程序规范、正确	10 分			
	掌握数字数据类型	10 分			
	熟练使用字符串	20 分			
	掌握数据类型转换	20 分			
总分					
总分	自评（20%）+ 互评（20%）+ 师评（60%）	综合等级			

任务四　运算符与表达式

知识准备

Python 在进行数学运算或者逻辑判断时，需要用到算术运算符、比较运算符和逻辑运算符等。因此，在 Python 学习中也需要了解这些运算符号。Python 还提供了一个可以根据条件确定返回值的条件表达式，这些都是程序开发中重要的基础知识，需要大家掌握。

1. 运算符

运算符主要用于数学计算、比较大小和逻辑运算等方面，包括算术运算符、赋值运算符、比较运算符、逻辑运算符等，通过运算符将不同类型的数据按照规则连接起来的公式，被称为表达式。例如，使用算术运算符连接起来的式子称为算术表达式。

（1）算术运算符。算术运算符就是处理四则运算的符号，在数字的处理中应用较多。实例：

```
>>>5 + 4  # 加法
9
>>> 4.3 - 2 # 减法
2.3
>>> 3 * 7  # 乘法
21
>>> 2 / 4  # 除法，得到一个浮点数
0.5
>>> 2 // 4  # 除法，得到一个整数
0
>>> 17 % 3  # 取余
2
>>> 2 ** 5  # 乘方
32
```

（2）赋值运算符。赋值运算符主要用来为变量等赋值，使用时，直接把基本赋值运算符 = 右边的值赋给左边的变量，或者进行运算后再赋值给左边的变量。常用的赋值运算符如表 2-2 所示。

表 2-2　常用的赋值运算符

运算符	说明	示例	展开形式
=	简单的赋值过运算	x=y	x=y
+=	加法赋值	x+=y	x=x+y
-=	减法赋值	x-=y	x=x-y

续表

运算符	说明	示例	展开形式
/=	除法赋值	x/=y	x=x/y
*=	乘法赋值	x*=y	x=x*y
%=	取模赋值	x%= y	x=x%y

（3）比较运算符。比较运算符又被称为关系运算符，用于变量或表达式的结果进行大小、真假等比较。如比较运算结果为真，则返回 True；如果结果为假，则返回 False。比较运算符通常用在条件语句中作为判断的依据。常用的比较运算符如表 2-3 所示。

表 2-3　常用的比较运算符

运算符	比较	示例	结果
>	大于	'a'> 'b'	False
<	小于	16<45	True
==	等于	'c' == 'c'	True
!=	不等于	'y' != 't'	True
>=	大于或等于	59 >= 36	True
<=	小于或等于	82.65 <= 36.5	False

（4）逻辑运算符。逻辑运算符是对真和假两种布尔值进行运算的符号，运算结果仍是一个布尔值，Python 中的逻辑运算符主要包括 and（与）、or（或）、not（非）。逻辑运算符如表 2-4 所示。

表 2-4　逻辑运算符

运算符	逻辑含义	用法	结合方向
and	逻辑与	ts1 and ts2	左到右
or	逻辑或	ts1 or ts2	左到右
not	逻辑非	Not ts	右到左

（5）位运算符。位运算符则是把数字看作二进制数来进行计算的，因此需要先将要执行运算的数据转换为二进制，然后再执行运算。Python 中的位运算符有按位与(&)、按位或（|）、按位异或（^）、按位取反（~）、左移位（<<）和右移位（>>）运算符。

2. 运算符的优先级

编程语言中，所谓运算符的优先级，是指在应用中先计算哪一个运算符，后计算哪一个，与数学的四则运算中遵循“先乘除，后加减”的原则类似。

Python 的运算符的运算规则是，优先级高的运算先执行，优先级低的运算后执行，同一优先级的操作按照从左到右的顺序进行。也可以像四则运算那样使用小括号，括号内的运算最先执行。表 2-5 按从高到低的顺序列出了运算符的优先级。同一行中的运算符具有相同优先级，它们的结合方向决定了其求值顺序。

表 2-5 运算符的优先级

类型	说明	优先级
**	幂	
~、+、-	取反、正号和负号	高
*、/、%、//	算术运算符	↓
+、-	算术运算符	
<<、>>	位运算符中的左移和右移	
&	位运算符中的按位与	
^	位运算符中的按位异或	
|	位运算符中的按位或	低
<、<=、>、>=、!=、==	比较运算符	

任务实施

子任务 1 算术运算符

在 Python 中输入代码：

```
num1 = 25
num2 = 3

print(num1+num2)      # 加
print(num1-num2)      # 减
print(num1*num2)      # 乘
print(num1/num2)      # 除
print(num1%num2)      # 取余
print(num1**num2)     #num1 的 num2 次幂
print(num1//num2)     # 取整除，商数
```

结果如下：

```
28
22
75
8.333333333333334
1
15625
8
```

子任务 2 逻辑运算符

在 Python 中输入代码：

```
name1 = "chen"
```

```
passwd1 = 123
if name1 == "chen" and passwd1 == 123:
 print(" 账户密码正确 ")
name2 = ""
passwd2 = 123
if name2 == "chen" or passwd2 == 123:
 print(" 你好 ")
if not passwd2 == "123abc":
 print(" 密码错误 ")
```

结果如下：

```
账户密码正确
你好
密码错误
```

任务评价

评价考核评分表

任务编号	2-4	任务名称	运算符与表达式		
评价项目		分值	评价分数		
			自评	互评（组长评价）	教师评价
职业素养考核项目40%	团队合作、人际沟通能力	10 分			
	责任意识、服从意识	10 分			
	学习态度主动，积极参加活动	10 分			
	回答问题	10 分			
专业能力考核项目60%	书写程序规范、正确	20 分			
	熟练运用运算符	20 分			
	掌握表达式的用法	20 分			
总分					
总分	自评（20%）+ 互评（20%）+ 师评（60%）	综合等级			

任务五 基本输入和输出

知识准备

从第一个练习的 hello world 程序开始，我们一直在使用 print() 函数向屏幕上输出一些字符，这就是 Python 的基本函数输出方法。除了之前用过的 print() 函数，Python

还提供了用于进行标准输入的函数，即 input() 函数，input() 函数用于接收用户通过键盘输入的内容。

1. 使用 input() 函数输入

在 Python 中，用户使用内置的 input() 函数可以接收键盘输入的内容，其基本用法如下：

```
test = input(" 提示信息 ")
```

其中 test 为保存输入结果的变量,双引号内的文字是提示用户要输入的内容。例如，将接收用户年龄的整型的数字保存到变量 age 中，可以使用以下代码：

```
age = int(input(" 请输入您的年龄 :"))
```

例如：

```
input("\n\n 按下 enter 键后退出。")
```

以上代码中，"\n\n" 在结果输出前会输出两个新的空行（输出中的空行）。

一旦用户按下 Enter 键时，程序将退出。

2. 使用 print() 函数输出

在 Python 中，默认情况下，使用内置 print() 函数可以将结果输出到 IDLE 中或者控制台上，其基本语法格式如下：

```
print( 输出信息 )
```

print 默认输出是换行的，如果要实现不换行需要在变量末尾加上 end=""。

任务实施

子任务 1　使用 print() 函数输出

代码如下：

```
x="aa"
y="bb"

# 换行输出
print(x)
print(y)
print('---------')
# 不换行输出
print(x, end="")
print(y, end="")
print()
```

结果如下：

```
aa
```

```
bb
---------
aa bb
```

子任务 2　计算工资之和

某公司员工的基本工资 2000 元，岗位工资 1000 元，奖金 500 元，住房补助 1500 元，请计算应发合计数。

在 Python 中输入以下代码：

```
x=eval(input(' 请输入基本工资 :'))
y=eval(input(' 请输入岗位工资 :'))
z=eval(input(' 请输入奖金 :'))
t=eval(input(' 请输入住房补助 :'))
hj=x+y+z+t
print(' 应发合计 ',hj,' 元 ')
```

结果如下：

```
请输入基本工资 :2000
请输入岗位工资 :1000
请输入奖金 :500
请输入住房补助 :1500
应发合计 5000 元
```

任务评价

评价考核评分表

任务编号	2-5	任务名称	基本输入和输出		
评价项目		分值	评价分数		
			自评	互评（组长评价）	教师评价
职业素养考核项目 40%	团队合作、人际沟通能力	10 分			
	责任意识、服从意识	10 分			
	学习态度主动，积极参加活动	10 分			
	回答问题	10 分			
专业能力考核项目 60%	书写程序规范、正确	20 分			
	熟练应用 input 语句	20 分			
	熟练应用 print 语句	20 分			
总分					
总分	自评（20%）+ 互评（20%）+ 师评（60%）	综合等级			

任务六　字符串应用

知识准备

所有的编程语言都会涉及字符串的应用，大部分项目的结果都是以文本的形式来进行展示的，所以从某种程度上看，开发一个程序或项目基本上就是在不断地处理字符串，本任务将介绍如何操作字符串。

最早的字符串编码是指美国标准信息交换码，即 ASCII 码。基本只对 10 个数字、26 个大写英文字母、26 个小写英文字母，以及一些其他符号进行了编码。ASCII 码最多只能表示 256 个符号，每个字符占一个字节。随着信息技术的发展，各国的文字都需要进行编码，于是便出现了 GBK、GB2312、UTF-8 编码等。其中 GBK 和 GB2312 是我国制定的中文编码标准，它使用一个字节表示英文字母，两个字节表示中文字符。而 UTF-8 是国际通用的编码，基本对所有国家需要用到的字符都进行了编码。UTF-8 采用一个字节表示英文字符，用 3 个字节表示中文字符。在 Python 3 中，一般默认采用 UTF-8 编码，采用这种编码可以有效地解决中文乱码的问题，尤其是在 Web 开发中。

Python 最常用的两种字符串类型分别为 str 和 byte。其中 str 表示 Unicode 字符（ASCII 或者其他）；而 byte 则表示二进制数据（包括编码的文本）。这两种类型的字符串不能拼接在一起使用。一般 str 在内存中以 Unicode 字符标识，一个字符对应若干个字节。如需要网络传输或者保存到磁盘，则需要把 str 转换成字节类型，既 byte 类型。

任务实施

子任务 1　字符串转码

Python 最常用的两种字符串类型分别为 str 和 byte，str 和 byte 之间可以通过 encode() 和 decode() 方法进行转换，这两种方法是互为逆过程。

1. 使用 encode() 方法编码

代码如下：

```
test=' 长河落日圆 '
byte=test.encode('GBK')          # 将 BGK 编码转换为二进制数据
print(' 原字符串 :',test)          # 输出原字符
print(' 转换后 :',byte)            # 输出转换后的二进制数据
```

结果如下：

```
原字符串 : 长河落日圆
转换后 : b'\xb3\xa4\xba\xd3\xc2\xe4\xc8\xd5\xd4\xb2'
```

说明：encode() 方法用于将字符串转换为二进制数据类型，也称为"编码"，语法格式如下：

```
str.encode([encoding="utf-8"][errors="strict"])
```

2. 使用 decode() 方法解码

decode() 方法用于将二进制数据转换为字符串，也称为"解码"，语法格式如下：

```
bytes.decode([encoding="utf-8"][errors="strict"])
```

子任务 2 字符串常用操作

在 Python 程序开发过程中，需要经常对某些字符串进行特殊处理，例如拼接字符串、格式化字符串、截取字符串等。

1. 拼接字符串

代码如下：

```
str1=' 本程序代码为 '
num=465
str2=' 行 '
print(str1+str(num)+str2)
```

结果如下：

```
本程序代码为 465 行
```

说明：使用"+"运算符可以连接多个字符串，产生一个新的字符串对象。例如：

```
mes1=' 大漠孤烟直，'
mes2=' 长河落日圆。'
print(mes1+mes2)
```

结果如下：

```
大漠孤烟直，长河落日圆。
```

在字符串中不允许不同类型的数据直接拼接，所以在开发程序时，需留意数据类型是否需要转换。

```
str1=' 本程序代码为 '
num=465
str2=' 行 '
print(str1+num+str2)
```

执行上面的代码，程序将产生异常报错"TypeError:must be str ,not int"。为解决问题，需使用 str() 函数将整数型数据类型转换为字符串。

2. 计算字符串长度

代码如下：

```
str1='Python 语言 , 简洁好用 !'  # 定义字符串
```

```
length=len(str1)          # 计算字符串的长度
print(length)
```

结果如下：

```
14
```

说明：在 Python 中，数字、小数点、下划线、英文及空格占一个字节；一个汉字可能占 2 ~ 4 个字节，在 UTF-8/Unicode 中般占 3 个字节（或 4 个字节）。

在 Python 中，提供了 len() 函数计算字符串的长度。其语法格式如下：

```
len(string)
```

其中，string 用于指定要进行长度统计的字符串。一般情况下，通过 len() 函数计算长度时，不区分数字、英文或汉字，所有字符都认为是占一个字节。

在实际开发中，如果需要知道字符串实际占用的字节数，则建议转换成 TUF-8 编码，其汉字占 3 个字节，也可以转换成 GB2312 或 GBK 的编码方式，汉字占 2 个字节。此时，可以使用 encode() 方法进行转码后再获取。例如：

```
str1='Python 语言，简洁好用！'          # 定义字符串
length=len(str1.encode())              # 计算字符串的长度
print(length)
```

执行上面的代码，汉字和中文标点共 7 个，占 21 个字节，英文字符和英文标点共 7 个，所以结果显示为“28”。

3. 截取字符串

代码如下：

```
str1='Python 语言，简洁好用！'          # 定义字符串
pubstr1=str1[1]                        # 截取第 2 个字符
pubstr2=str1[4:]                       # 从第 5 个字符截取
pubstr3=str1[:4]                       # 从左边开始，截取 4 个字符
pubstr4=str1[2:4]                      # 截取第 3 个到第 4 个字符
print('原字符串：',str1)
print(pubstr1+'\n'+pubstr2+'\n'+pubstr3+'\n'+pubstr4)
```

执行上面代码，则显示以下结果：

```
原字符串：Python 语言，简洁好用！
y
on 语言，简洁好用！
Pyth
th
```

说明：Python 中的字符串也属于序列，如果程序开发中需要截取 2 个字符串，则可以采用切片方法实现。通过切片方法截取字符串，其语法格式如下：

```
string[start: end:step]
```

其中 string 表示要截取的字符串；start 表示要截取的第一个字符的索引（包括该字

符），如果不指定，则默认为 0；end 表示要截取的最后一个字符的索引（不包括该字符），如果不指定，则默认为字符串的长度；step 表示切片的步长，如果省略，则默认为 1，当省略该步长时，最后一个冒号也可以被省略。

4. 分割、合并字符串

代码如下：

```
website = 'http://www.baidu.com/'
print(website.split('.', -1))              # 按照字符串中的 . 来分割 , 不限次数
print(website.split('.', 2))               # 按照字符串中的 . 来分割 , 分割成 3 份
print(website.split('w', 5))               # 按照字符串中的 w 来分割 , 分割成 6 份
list_friend=[' 李白 ',' 杜甫 ',' 李清照 ']     # 好友列表
str_friend='@'.join(list_friend)           # 用空格 +@ 符号进行连接
at='@'+str_friend
print(' 你 @ 的好友 :',at)
```

执行上述代码，其结果如下：

```
['http://www', 'baidu', 'com/']
['http://www', 'baidu', 'com/']
['http://', '', '', '.baidu.com/']
你 @ 的好友 : @ 李白 @ 杜甫 @ 李清照
```

在 Python 中，提供了分割和合并字符串的方法，其中分割字符串是把字符串分割为列表；而合并字符串是把列表合并为字符串，两者可以被看作是互逆操作。

分割字符串：通过 split() 方法可以实现字符串的分割，即把一个字符串按照指定的分隔符切分为字符串列表。在该列表中的元素不包括分隔符。其语法格式如下：

```
str.split(sep,maxsplit)
```

参数说明：str 表示要进行分割的字符串；sep 用于指定分隔符，可以包含多个字符，默认为 None，即所有空字符（包括空格、换行“\n”、制表符“\t”等）；maxsplit 为可选参数，用于指定分割的次数，如果不指定或者为 -1，则分割次数没有限制；否则返回结果列表的元素个数最多为 maxsplit+1。

合并字符串：合并字符串与拼接字符串不同，它会将多个字符串采用固定的分隔符连接在一起。合并字符串可以通过使用 join() 方法来实现。其语法格式如下：

```
strnew=string.join(iterable)
```

参数说明：strnew 表示合并后生成的新字符串；string 为字符串类型，用于指定合并时的分隔符；iterable 为可迭代对象，该迭代对象中的所有元素（字符串表示）将被合并为一个新的字符串。

5. 去除字符串中的空格和特殊字符

代码如下：

```
str1='http://www.dufu.net  \t\n\r'
print(' 原字符串 str1:'+str1+'。')
print(' 字符串 :'+str1.strip() + '。')          # 去除字符串首尾的空格和特殊字符
```

```
str2 ='@ 未来科技 .@.'
print(' 原字符串 str2:  ' + str2 + '。 ')
print(' 字符串 :'+str2.strip('@.') + '。 ')        # 去除字符串首尾的 "@" 或者 ","
```

结果如下：

```
原字符串 str1:http://www.dufu.net。
字符串 :http://www.dufu.net。
原字符串 str2:@ 未来科技 .@.。
字符串 : 未来科技。
```

说明：用户在输入数据或代码时，可能会无意中输入多余的空格，或在一些情况下，因为误操作使字符串前后出现空格和特殊字符，此时就需要去除字符串中的空格和特殊字符。可以通过 strip() 函数去除字符串左、右两侧的空格和特殊字符。本任务主要以 strip() 函数为例。[这里的特殊字符是指制表符（\t）、Enter 键符（\r）、换行符（\n）等]。

strip() 方法用于去掉字符串左、右两侧的空格和特殊字符，其语法格式如下：

```
str.strip([chars])
```

参数说明：str 为需要去除空格的字符串；chars 为可选参数，用于指定要去除的字符，可以指定单个或多个，例如设置 chars 为“@.”，则去除左、右两侧的“@”或“.”；如果不指定 chars 参数，则默认将去除空格、制表符（\t）、Enter 键符（\r）、换行符（\n）等。

对于字符串操作的函数还有很多，这里就不一一赘述，掌握上述的字符串操作后，基本可以满足日常的编程开发应用。

任务评价

评价考核评分表

任务编号	2-6	任务名称	字符串应用		
评价项目		分值	评价分数		
			自评	互评（组长评价）	教师评价
职业素养考核项目 40%	团队合作、人际沟通能力	10 分			
	责任意识、服从意识	10 分			
	学习态度主动，积极参加活动	10 分			
	回答问题	10 分			
专业能力考核项目 60%	书写程序规范、正确	20 分			
	熟悉字符串转码	20 分			
	熟悉字符串操作	20 分			
总分					
总分	自评（20%）+ 互评（20%）+ 师评（60%）	综合等级			

项目小结

本项目主要为后续 Python 编程奠定基础，介绍了 Python 语言中注释的处理、变量的声明、基本输入和输出等内容，让读者清楚数据类型和运算符的表达、字符串的操作等，以便解决在 Python 中遇到的基本问题。

思考与练习

一、单项选择题

1. 在 Python 中数字类型不包括（　　）。

A. 整数　　B. 复数　　C. 布尔型　　D. 字符串型

2. 判断是否等于的运算符是（　　）。

A. ==　　B. ! =　　C. =　　D. <=

3. 下列优先级最高的运算符是（　　）。

A. ~　　B. /　　C. ==　　D. &

4. Python 中 input() 的作用是（　　）。

A. 字符串转换函数　　B. 定义变量

C. 接收键盘输入的内容　　D. 输出信息函数

二、实训题

1. 两个程序员对话如下，请通过字符串操作，输出小张的生日。

小张问小王：你知道我的生日吗?

小王说：请输入你的身份证号。

小张说：654321199909237890。

小王说：你的生日是……。

2. 通过字符串函数计算这首诗的字节长度：秦时明月汉时关，万里长征人未还。但使龙城飞将在，不教胡马度阴山。

项目三
组合数据类型

知识目标

★ 掌握列表、元组、字典、集合的基本语法格式。

★ 熟悉列表、元组、字典、集合数据类型的具体用法。

技能目标

★ 能应用列表、元组、字典、集合等解决具体问题。

★ 能熟练完成各组合数据类型之间的转换。

素质目标

★ 培养学生规范软件代码编写的意识。

★ 培养学生坚韧不拔、抗挫折的精神。

任务一　列　　表

知识准备

列表是 Python 中的一种序列型数据结构，其中的每个元素都有自己的位置，称为下标（或索引）。列表中不同的下标指向不同的元素。第一个下标值从 0 开始，最后一个下标值是列表的元素个数减 1。

一般使用成对的方括号“[ ]”定义列表，其中元素之间使用逗号“,”分隔，列表中各个元素的数据类型可以不同。例如：

```
List1=['a','b',2000,2022]
List2=[1,2,3,4,5]
```

任务实施

子任务 1　创建列表

创建变量 namesList 的类型为列表。在 Python 中输入以下代码：

```
namesList = ['xiaoWang','xiaoFang','xiaoGang'，'xiaoMing']
```

子任务 2　输出列表

输出列表变量 namesList 中的元素。在 Python 中输入以下代码：

```
namesList = ['xiaoWang','xiaoFang','xiaoGang','xiaoMing']
print(namesList[0])
print(namesList[1])
print(namesList[2])
print(namesList[3])
```

结果如下：

```
xiaoWang
xiaoFang
xiaoGang
xiaoMing
```

子任务 3　列表的循环遍历

给出一个列表，要求访问列表中的每一个元素（使用 for 循环）。

在 Python 中输入以下代码：

```
namesList = ['xiaoWang','xiaoFang','xiaoGang', 'xiaoMing']
name=0
for name in namesList:
    print(name)
```

结果如下：

```
xiaoWang
xiaoFang
xiaoGang
xiaoMing
```

子任务 4　添加列表元素

给出一个列表，要求向其中添加元素。通过 append() 可以向列表添加元素。在 Python 中输入以下代码：

```
a = ["apple", "banana", "cherry"]
b = ["Porsche", "BMW", "Volvo"]
a.append(b)
print(a)
```

通过 extend() 可以将另一个列表中的元素逐一添加到列表中。在 Python 中输入以下代码：

```
a = [1, 2, 3,4,5]
b = [6, 7,8,9,10]
a.extend(b)
print(a)
#insert(index, object)   在指定位置 index 前插入元素 object
a = [0, 1, 2,7]
a.insert(1,8)
print(a)
```

结果如下：

```
['apple', 'banana', 'cherry', ['Porsche', 'BMW', 'Volvo']]
[1, 2, 3, 4, 5, 6, 7, 8, 9, 10]
[0, 8, 1, 2, 7]
```

子任务 5　删除列表元素

给出一个列表，要求删除其中的元素。

1. del 应用

输入代码如下：

```
movieName = ['战狼 2','叶问','老师好','环线','开国大典','长津湖']
print('------ 删除之前 ------')
```

```
for tempName in movieName:
    print(tempName)
del movieName[2]
print('------ 删除之后 ------')
for tempName in movieName:
    print(tempName)
```

结果如下：

```
------ 删除之前 ------
战狼 2
叶问
老师好
环线
开国大典
长津湖
------ 删除之后 ------
战狼 2
叶问
环线
开国大典
长津湖
```

2. pop 应用

输入代码如下：

```
movieName = [' 战狼 2',' 叶问 ',' 老师好 ',' 环线 ',' 开国大典 ',' 长津湖 ']
print('------ 删除之前 ------')
for tempName in movieName:
    print(tempName)
movieName.pop()
print('------ 删除之后 ------')
for tempName in movieName:
    print(tempName)
```

结果如下：

```
------ 删除之前 ------
战狼 2
叶问
老师好
环线
开国大典
长津湖
------ 删除之后 ------
```

```
战狼 2
叶问
老师好
环线
开国大典
```

3. remove 应用

输入代码如下：

```
movieName = [' 战狼 2',' 叶问 ',' 老师好 ',' 环线 ',' 开国大典 ',' 长津湖 ']
print('------ 删除之前 ------')
for tempName in movieName:
    print(tempName)
movieName.remove(' 环线 ')
print('------ 删除之后 ------')
for tempName in movieName:
    print(tempName)
```

结果如下：

```
------ 删除之前 ------
战狼 2
叶问
老师好
环线
开国大典
长津湖
------ 删除之后 ------
战狼 2
叶问
老师好
开国大典
长津湖
```

说明：列表元素的常用删除方法有以下 3 种。

- del：根据下标进行删除。
- pop：删除最后一个元素。
- remove：根据元素的值进行删除。

子任务 6　修改列表元素

给出一个列表，要求修改其中的元素。在 Python 中输入以下代码：

```
# 定义变量 A, 默认有 4 个元素
A = ['xiaoWang','xiaoFang','xiaoGang','xiaoMing']
```

```
print("----- 修改之前 , 列表 A 的数据 -----")
for tempName in A:
    print(tempName)
# 修改元素
A[1] = 'xiaoLu'
print("----- 修改之后 , 列表 A 的数据 -----")
for tempName in A:
    print(tempName)
```

结果如下：

```
----- 修改之前 , 列表 A 的数据 -----
xiaoWang
xiaoFang
xiaoGang
xiaoMing
----- 修改之后 , 列表 A 的数据 -----
xiaoWang
xiaoLu
xiaoGang
xiaoMing
```

子任务 7　查找列表元素

给出一个列表，要求查找指定的元素是否存在。在 Python 中输入以下代码：

```
# 待查找的列表
nameList = ['xiaoWang','xiaoFang','xiaoGang','xiaoMing']
# 获取用户要查找的名字
findName = input(' 请输入要查找的姓名 :')
# 查找是否存在
if findName in nameList:
    print(' 在列表中找到了相同的名字 ')
else:
    print(' 没有找到 ')
```

结果如下：

```
请输入要查找的姓名 :xiaoMing
在列表中找到了相同的名字
请输入要查找的姓名 :xiaoliu
没有找到
```

任务评价

评价考核评分表

<table>
<tr><td>任务编号</td><td>3-1</td><td>任务名称</td><td colspan="3">列表</td></tr>
<tr><td colspan="2" rowspan="2">评价项目</td><td rowspan="2">分值</td><td colspan="3">评价分数</td></tr>
<tr><td>自评</td><td>互评（组长评价）</td><td>教师评价</td></tr>
<tr><td rowspan="4">职业素养
考核项目
40%</td><td>团队合作、人际沟通能力</td><td>10 分</td><td></td><td></td><td></td></tr>
<tr><td>责任意识、服从意识</td><td>10 分</td><td></td><td></td><td></td></tr>
<tr><td>学习态度主动，积极参加活动</td><td>10 分</td><td></td><td></td><td></td></tr>
<tr><td>回答问题</td><td>10 分</td><td></td><td></td><td></td></tr>
<tr><td rowspan="4">专业能力
考核项目
60%</td><td>书写程序规范、正确</td><td>10 分</td><td></td><td></td><td></td></tr>
<tr><td>掌握创建列表</td><td>10 分</td><td></td><td></td><td></td></tr>
<tr><td>掌握列表的循环遍历</td><td>20 分</td><td></td><td></td><td></td></tr>
<tr><td>掌握列表元素的增删改查</td><td>20 分</td><td></td><td></td><td></td></tr>
<tr><td colspan="3">总分</td><td></td><td></td><td></td></tr>
<tr><td>总分</td><td>自评（20%）+ 互评（20%）+ 师评（60%）</td><td>综合等级</td><td></td><td></td><td></td></tr>
</table>

任务二　元　　组

知识准备

元组与列表功能相似，两者的区别在于列表的元素可以修改，元组的元素不能修改。元组使用成对的圆括号定义，例如：

```
tuplel = ('a','b', 2000, 2022)
tuple2 = (1,2,3,4,5)
a = ('ai',77,99.9)
```

当元组中只有一个元素时，需要在元素后加逗号“,”，否则定义元组的圆括号会被当作运算符：

```
tupl=(1)
type(tupl)
```

说明：不加逗号“,”，类型为整型。

Python 中不允许修改元组的数据，包括不能删除其中的元素。

任务实施

子任务 1　创建元组

创建变量 nametupl 的类型为元组。在 Python 中输入以下代码：

```
nametupl=(1,2,3,4,5,2019,2020,2021,2022)
```

子任务 2　输出元组

给出一个元组，要求输出其中的元素。在 Python 中输入以下代码：

```
shuzi = (1,2,3,4,5,6,7)
shige = (" 山川异域 "," 壮丽山河 ")
hunhe = (66,"Python",(' 编程 ',' 我用 Python'),["WEB 开发 "," 云计算 "," 爬虫 "])   # 混合元组
python = (' 优雅 '," 明确 ",''' 简单 ''')
print(shuzi)
print(shige)
print(hunhe)
print(python)
```

结果如下：

```
(1, 2, 3, 4, 5, 6, 7)
(' 山川异域 ', ' 壮丽山河 ')
(66, 'Python', (' 编程 ', ' 我用 Python'), ['WEB 开发 ', ' 云计算 ', ' 爬虫 '])
(' 优雅 ', ' 明确 ', ' 简单 ')
```

子任务 3　访问元组元素

给出一个元组，要求输出其中的某个元素。在 Python 中输入以下代码：

```
hunhe = (66,"Python",(' 编程 ',' 我用 Python'),["WEB 开发 "," 云计算 "," 爬虫 "])
print(hunhe[2])
print(hunhe[1])
```

结果如下：

```
(' 编程 ', ' 我用 Python')
Python
```

子任务 4　元组的内置函数 index()

给出一个元组，要求将其建立某个元素的索引。在 Python 中输入以下代码：

```
a = ('f', 'b', 'c', 'a', 'b')
index=a.index('a', 1, 4)
print('a 的索引值 :', index)
```

结果如下：

```
a 的索引值 : 3
```

子任务 5　元组的内置函数 count()

给出一个元组，要求统计其中某个元素的个数。在 Python 中输入以下代码：

```
a =('f', 'b', 'c', 'a', 'b')
b=a.count('b')
print('b 的统计值 :', b)
d=a.count('d')
print('d 的统计值 :', d)
```

结果如下：

```
b 的统计值 : 2
d 的统计值 : 0
```

任务评价

评价考核评分表

<table>
<tr><td>任务编号</td><td>3-2</td><td>任务名称</td><td colspan="3">元组</td></tr>
<tr><td colspan="2" rowspan="2">评价项目</td><td rowspan="2">分值</td><td colspan="3">评价分数</td></tr>
<tr><td>自评</td><td>互评（组长评价）</td><td>教师评价</td></tr>
<tr><td rowspan="4">职业素养
考核项目
40%</td><td>团队合作、人际沟通能力</td><td>10 分</td><td></td><td></td><td></td></tr>
<tr><td>责任意识、服从意识</td><td>10 分</td><td></td><td></td><td></td></tr>
<tr><td>学习态度主动，积极参加活动</td><td>10 分</td><td></td><td></td><td></td></tr>
<tr><td>回答问题</td><td>10 分</td><td></td><td></td><td></td></tr>
<tr><td rowspan="5">专业能力
考核项目
60%</td><td>书写程序规范、正确</td><td>10 分</td><td></td><td></td><td></td></tr>
<tr><td>掌握元组的创建</td><td>10 分</td><td></td><td></td><td></td></tr>
<tr><td>熟悉元组的输出</td><td>10 分</td><td></td><td></td><td></td></tr>
<tr><td>熟练使用访问元组元素的方法</td><td>10 分</td><td></td><td></td><td></td></tr>
<tr><td>熟悉元组的内置函数</td><td>20 分</td><td></td><td></td><td></td></tr>
<tr><td colspan="3">总分</td><td></td><td></td><td></td></tr>
<tr><td>总分</td><td>自评（20%）+ 互评（20%）+ 师评（60%）</td><td>综合等级</td><td></td><td></td><td></td></tr>
</table>

任务三 字　　典

知识准备

Dictionary（字典）可以存储任意类型的对象，字典中的键值对分别存储字符串型的“下标”及对应的内容。字典中的每个键和值之间使用冒号“:”分隔，键值对之间使用逗号“,”分隔，整个字典使用成对的花括号“{}”定义。例如：

```
dict = {'A': '123', 'B': '45', 'c': '678'}
```

要访问字典中的值，需要使用方括号“[ ]”语法，例如：

```
print(dict['B'])
```

将返回字符串 45。

添加或修改字典中某个键值对中的值也要使用方括号“[ ]”语法，例如：

```
dict = {'A': '123', 'B': '45', 'C': '678'}; dict['D'] ='9'
```

任务实施

子任务 1　创建字典

创建变量 namedict 的类型为字典。在 Python 中输入以下代码：

```
namedict = {'name':' 班长 ', 'id':100, 'sex':'f', 'address':' 地球亚洲中国北京通州 '}
```

子任务 2　输出字典元素

给出一个字典，要求输出其中某个元素。 在 Python 中输入以下代码：

```
info = {'name':' 班长 ', 'id':100, 'sex':'f', 'address':' 地球亚洲中国北京通州 '}
print(info['name'])
print(info['address'])
```

结果如下：

```
班长
地球亚洲中国北京通州
```

子任务 3　修改字典元素

给出一个字典，要求修改其中的某个元素。 在 Python 中输入以下代码：

```
info = {'name':' 班长 ', 'id':100, 'sex':'f', 'address':' 地球亚洲中国北京通州 '}
newId = input(' 请输入新的学号 :')
info['id'] = int(newId)
print(' 修改之后的 id 为 :%d'%info['id'])
```

结果如下：

```
请输入新的学号 :188
修改之后的 id 为 :188
```

子任务 4　添加字典元素

给出一个字典，要求向其中添加元素。在 Python 中输入以下代码：

```
info = {'name':' 班长 ', 'sex':'f', 'address':' 地球亚洲中国北京通州 '}
newId = input(' 请输入新的学号 ')
info['id'] = newId
print(' 添加之后的 id 为 :%s'%info['id'])
```

结果如下：

```
请输入新的学号 :166
添加之后的 id 为 :166
```

子任务 5　删除字典元素

1. 用 del 删除字典元素

给出一个字典，要求删除其中的元素。在 Python 中输入以下代码：

```
info = {'name':' 班长 ', 'sex':'f', 'address':' 地球亚洲中国北京通州 '}
print(' 删除前 ,%s'%info['name'])
del info['name']
print(info)
```

结果如下：

```
删除前 , 班长
{'sex':'f', 'address':' 地球亚洲中国北京通州 '}
```

2. 用 del info 删除整个字典

del info 表示删除整个字典，删除后字典不存在。代码如下：

```
info = {'name':'monitor', 'sex':'f', 'address':'China'}
print(' 删除前 ,%s'%info)
del info
print(' 删除后 ,%s'%info)
```

结果如下：

```
删除前,{'name': 'monitor', 'sex': 'f', 'address': 'China'}
Traceback (most recent call last)
<ipython-input-16-239339fe84c9> in <module>
      2 print('删除前,%s'%info)
      3 del info
----> 4 print('删除后,%s'%info)
      5
NameError: name 'info' is not defined
```

3. 用 info.clear() 清空整个字典

info.clear() 表示清空字典，删除后字典仍存在。代码如下：

```
info = {'name':'monitor', 'sex':'f', 'address':'China'}
print('清空前,%s'%info)
info.clear()
print('清空后,%s'%info)
```

结果如下：

```
清空前,{'name': 'monitor', 'sex': 'f', 'address': 'China'}
清空后,{}
```

子任务 6　字典的遍历

给出一个字典，要求访问其中的每一个元素。在 Python 中输入以下代码：

```
dictionary = {"one": "语文", "two": "数学", "three": "英语", "four": "物理", "five": "化学"}
for key in dictionary.items():
  print(key)
```

结果如下：

```
('one', '语文')
('two', '数学')
('three', '英语')
('four', '物理')
('five', '化学')
```

任务评价

评价考核评分表

任务编号	3-3	任务名称	字典		
评价项目		分值	评价分数		
			自评	互评（组长评价）	教师评价
职业素养考核项目 40%	团队合作、人际沟通能力	10 分			
	责任意识、服从意识	10 分			
	学习态度主动，积极参加活动	10 分			
	回答问题	10 分			
专业能力考核项目 60%	书写程序规范、正确	10 分			
	熟悉字典的创建	10 分			
	掌握字典的遍历	10 分			
	熟悉字典元素的输出	10 分			
	熟练应用字典的增删改	20 分			
总分					
总分	自评（20%）+ 互评（20%）+ 师评（60%）	综合等级			

任务四　集　　合

知识准备

集合是包含若干元素的列表，其特点是元素无序且不重复。定义集合使用成对的花括号“{ }”或 set( ) 函数，例如：

```
drawer - ('pen', 'pencil', 'ruler', 'eraser')
```

注意：创建空集合必须使用 set() 函数。

两个不同的集合可以执行交、并、补、差等运算。例如：

```
drawer = {'pen', 'pencil', 'ruler', 'eraser'}
desk-{'pen', 'book', 'cup'}
drawer | desk          # 两个集合的并集
drawer & desk          # 两个集合的交集
drawer ^ desk          # 两个集合的交集的补集
drawer - desk          # 两个集合的差集
```

任务实施

子任务 1　创建集合

使用 set() 的方式创建集合。在 Python 中输入以下代码：

```
set1 = set("hello")
print(set1)
```

结果如下：

```
{'e', 'l', 'o', 'h'}
```

说明：集合会去掉重复的元素，即“l”。

子任务 2　创建空集合

创建一个没有任何元素的空集合。在 Python 中输入以下代码：

```
set2 = {}
set3 = set()
print(type(set2), type(set3))
```

结果如下：

```
<class 'dict'> <class 'set'>
```

子任务 3　将列表转换为集合

给出一个列表，要求将其转换为集合。在 Python 中输入以下代码：

```
list1 = [1, 2, 3, 4, 3, 5, 1, 3]
set5 = set(list1)
    print(type(set5), set5)
```

结果如下：

```
<class 'set'> {1, 2, 3, 4, 5}
```

子任务 4　集合遍历

给出一个集合，要求访问输出其中的每一个元素。在 Python 中输入以下代码：

```
set7={0,3,6,9,12,15,18,21,24}
for ch in set7:
print(ch)
```

结果如下：

```
0 3 6 9 12 15 18 21 24
```

说明：集合中的元素为不可变的类型，如整数、浮点数、字符串、元组等，可变类型不能作为集合的元素，集合本身也是可变类型，所以集合不能够作为集合中的元素。

子任务 5　向集合添加元素

给出一个集合，要求向该集合中添加元素。在 Python 中输入以下代码：

```
# 通过 add() 给集合添加元素
set1 = set()
set1.add(1)
set1.add(2)
print(set1)  # {1, 2}
# 通过 update() 给集合添加元素
set1={1, 2}
set1.update({1, 2, 3, 4, 5})
print(set1)  # {1, 2, 3, 4, 5}      # 元素在集合中已存在，该元素只会出现一次
```

结果如下：

```
{1, 2}
{1, 2, 3, 4, 5}
```

子任务 6　删除集合指定元素

给出一个集合，要求删除其中的某个元素。在 Python 中输入以下代码：

```
# 通过 discard() 删除指定元素
set1={1, 2, 3, 4, 5}
set1.discard(4)
set1.discard(2)
set1.discard(22) # 集合里面没有不会出错
print(set1)
# 通过 remove() 删除指定元素
set1={1, 2, 3, 4, 5}
set1.remove(3)
print(set1)
```

结果如下：

```
{1, 3, 5}
{1, 2, 4, 5}
```

注意：集合的 pop 方法可以随机删除一个元素并返回该元素。

```
set1={1, 2, 3, 4, 5}
print(set1.pop()) # 结果随机
```

子任务 7　清空整个集合

给出一个集合，要求一次性清除全部元素。在 Python 中输入以下代码：

```
# clear 方法可以清空整个集合
set1={1, 2, 3, 4, 5}
set1.clear()
print(type(set1))          # <class 'set'>
print(set1)                # set()
```

结果如下：

```
<class 'set'>
set()
```

任务评价

评价考核评分表

任务编号	3-4	任务名称	集合		
评价项目		分值	评价分数		
			自评	互评（组长评价）	教师评价
职业素养考核项目 40%	团队合作、人际沟通能力	10 分			
	责任意识、服从意识	10 分			
	学习态度主动，积极参加活动	10 分			
	回答问题	10 分			
专业能力考核项目 60%	书写程序规范、正确	10 分			
	掌握将创建集合的方法	10 分			
	熟悉将列表转换为集合的方法	10 分			
	熟练应用集合遍历	10 分			
	熟练应用集合元素增删改	20 分			
总分					
总分	自评（20%）+ 互评（20%）+ 师评（60%）	综合等级			

项 目 小 结

本项目主要讲解 Python 中的四种组合数据类型，分别是列表、元组、字典和集合，主要对四种组合数据类型的创建、输出、访问、遍历、添加、删除、修改进行了阐述。

思考与练习

一、单项选择题

1. 关于 Python 的元组类型，以下选项中描述错误的是（　　）。
   A. 元组中的元素不可以是不同类型
   B. 元组一旦创建就不能被修改
   C. Python 中元组采用逗号和圆括号（可选）来表示
   D. 一个元组可以作为另一个元组的元素，可以采用多级索引获取信息
2. 以下选项中，不是具体的 Python 序列类型的是（　　）。
   A. 元组类型　　B. 字符串类型
   C. 数组类型　　D. 列表类型
3. 以下选项中不能生成一个空字典的是（　　）。
   A. dict()　　B. {[]}　　C. {}　　D. dict([])

二、多项选择题

1. 下列方法中，用于删除字典元素的是（　　）。
   A. de　　B. delete　　C. clear　　D. drop
2. 下列选项中，属于不可变类型的是（　　）。
   A. 字典　　B. 元组　　C. 列表　　D. 字符串
3. 下列选项中，属于可变类型的是（　　）。
   A. 字典　　B. 元组　　C. 列表　　D. 字符串

三、实训题

1. 给你一个 list，如 L = [2, 8, 3, 5]，对 L 进行升序排序并输出。

2. 一个学校有 3 间办公室，现在有 8 位老师等待工位的分配，请编写程序，将 8 位老师随机分配到 3 间办公室。

项目四 面向过程的程序设计

知识目标

★ 掌握 if、for 和 while 语句的基本语法格式。
★ 熟悉条件表达式的构成和 if 分支结构的设计。
★ 熟悉 for 和 while 循环结构的设计。
★ 掌握 break 和 continue 语句的基本语法。

技能目标

★ 能应用 if 分支结构解决问题。
★ 能应用 for 和 while 循环结构解决问题。
★ 能熟练运用 break 和 continue 语句。
★ 能熟练进行异常处理。

素质目标

★ 培养学生善于动脑、勤于思考的意识。
★ 能和团队成员沟通合作，共同完成实训任务。

任务一　分 支 结 构

知识准备

1. 程序的基本结构

程序由三种基本结构组成：顺序结构、分支结构和循环结构。

（1）顺序结构。顺序结构是程序按照线性顺序依次执行的一种运行方式。如图 4-1 所示。

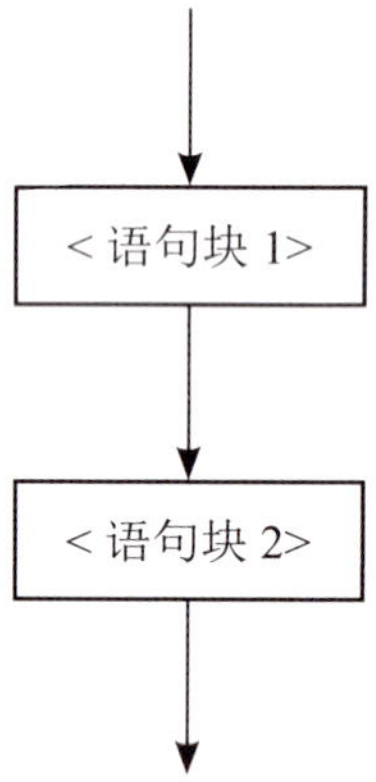

图 4-1　顺序结构

（2）分支结构。分支结构是程序根据条件判断结果而选择不同向前执行路径的一种运行方式，根据分支路径上的完备性，分支结构包括单分支结构和双分支结构，双分支结构组合形成多分支结构。如图 4-2 至图 4-4 所示。

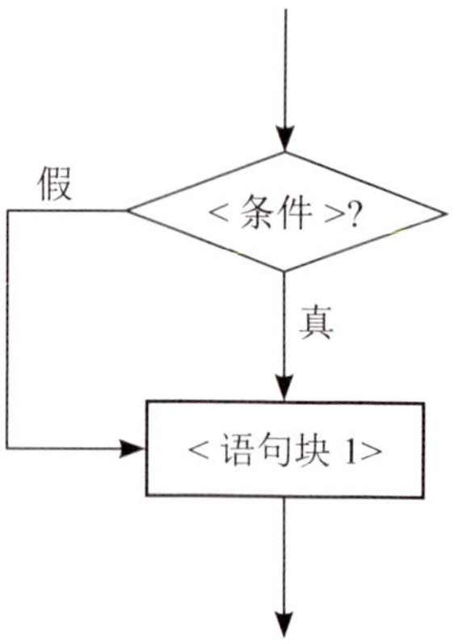

图 4-2　单分支结构

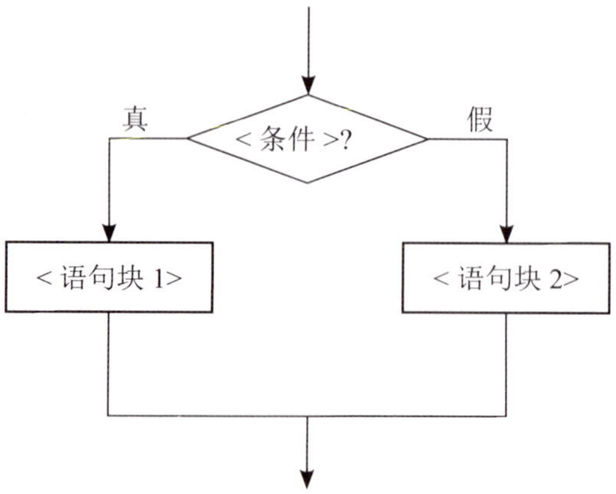

图 4-3　双分支结构

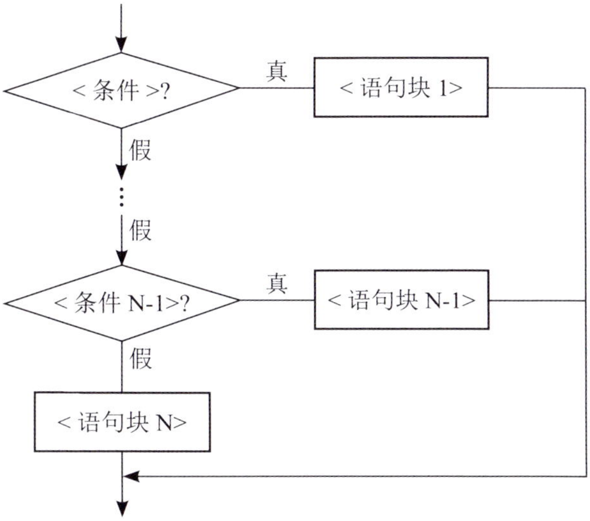

图 4-4　多分支结构

（3）循环结构。循环结构是程序根据条件判断结果向后反复执行的一种方式，根据循环体条件的不同，循环结构包括条件循环和遍历循环。如图 4-5 和图 4-6 所示。

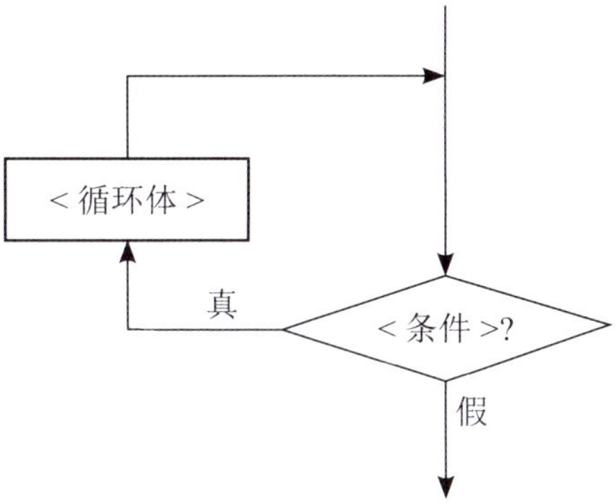

图 4-5　条件循环

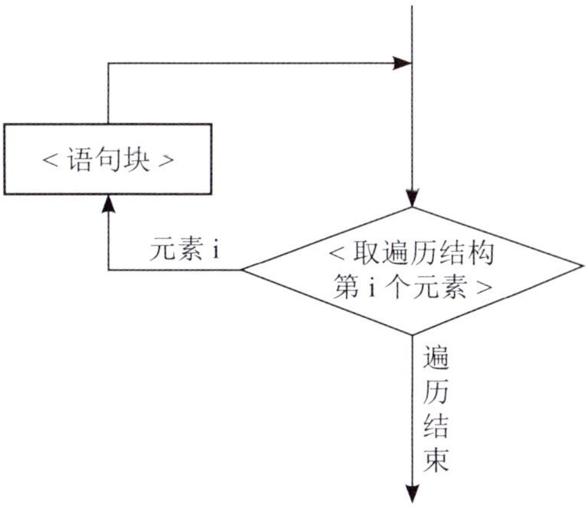

图 4-6　遍历循环

2. 分支结构

if 是条件判断语句，同样也是复合语句，在 if 中可以包含其他语句。复合语句在 Python 中有格式要求。一般首行语句以“:”结尾，下面被包含的语句则向内缩进，复合语句可以嵌套其他复合语句，因此缩进的层次反映了嵌套的层次。在其他高级语言中，一般用层层的括号来反映嵌套的层次关系，但是 Python 不依靠括号体现嵌套层次，这是 Python 独有的语法特征，要格外注意。在交互环境下，输入一条以“:”结尾的语句后，系统将自动缩进等待包含在内部的语句的输入，基本不用关心缩进的问题。但是在编辑器中编写较长的脚本时，设计者要根据代码的具体情况自行调整缩进量。制表符（Tab）常用来实现缩进的调整。Python 程序看上去十分整齐和规范，也就是这种规范的缩进规则，使得 Python 程序结构清晰，可读性很强。

（1）单分支结构：if 语句。

Python 中 if 语句的语法格式如下：

```
if 条件表达式:
    语句块
```

（2）双分支结构：if...else 语句。

Python 中 if...else 语句用来形成二分支结构，语法格式如下：

```
if 条件表达式:
    语句块 1
else:
    语句块 2
```

双分支结构的一种简洁的表达方式：

```
<表达式 1> if <条件> else <表达式 2>
```

注意：最后一个 else 语句是没有条件的。

（3）多分支结构：if...elif...else 语句。

Python 的 if...elif...else 描述多分支语句，语句格式如下：

```
if 条件 1:
    语句块 1
elif 条件 2:
    语句块 2
  ...
elif 条件 n-1:
    语句块 n-1
else:
    语句块 n
```

if 语句执行时，先判断条件 1，如果为 True，则执行语句块 1，否则判断 elif 的条件 2，如果为 True 则执行语句块 2，elif 可以是多个，也可以没有。最后如果所有条件都不满足，将执行 else 部分的语句块 n。if 语句中，elif 和 else 部分都不是必需的，可以没有。

if 语句是实现分支语句的重要语句，并且可以多层嵌套，但一定要注意缩进和语句块之间的关系。

任务实施

子任务 1 双分支结构

给出一个分数，当分数大于等于 60 分时，输出“通过”，否则输出“不通过”。在 Python 中输入以下代码：

```
score=eval(input(" 请输入分数 :"))
if score>=60:
  print(" 通过 ")
else:
  print(" 不通过 ")
```

结果如下：

```
请输入分数 :80
通过
```

有些情况下，可以将一条 if...else 语句缩减为单一的条件表达式，条件表达式的语法是：

```
表达式 1 if 条件 else 表达式 2
```

说明：如果条件为 True，返回值为表达式 1 的值，条件为 False，返回值为表达式 2 的值。

例如：

```
b=0
if b==1:
    a=1
else:
    a=2
print(a)
```

比如使用条件表达式，可以通过一行代码完成上面的功能：

```
a = 1 if b == 1 else 2
```

所以子任务 1 的代码如果用一行代码完成，可以写成如下代码：

```
" 通过 "  if score>=60 else  " 不通过 "
```

子任务 2 多分支结构

接受用户输入的一个数字，如果为正数，符号函数值为 1；为负数，符号函数值为 -1；如果输入为 0，符号函数值为 0。

在 Python 中输入以下代码：

```
t=eval(input(' 请输入一个整数 :'))
if t>0:
    print(' 符号函数为 :',1)
elif t<0:
    print(' 符号函数为 :',-1)
else:
    print(' 符号函数为 :',0)
```

结果如下：

```
请输入一个整数 :10
符号函数为 : 1
请输入一个整数 :-9
符号函数为 : -1
请输入一个整数 :0
符号函数为 : 0
```

子任务 3　计算提成工资

某公司销售人员的提成工资需根据销售额的提成比率进行计算，这里将提成比率分为三种情况，若销售额小于等于 5 万，提成比率为 2%；若销售额大于 5 万小于 10 万，提成比例为 3%；若销售额大于等于 10 万，提成比率为 5%。提成工资的计算公式为“提成工资 = 月销售额 * 提成比率”。请利用程序计算提成工资。

在 Python 中输入以下代码：

```
total = eval(input(" 请输入月销售额 : "))
if total <= 50000:
    salary = total*0.02
    print(" 提成工资为 ",salary)
elif 50000 < total <100000:
    salary = total*0.03
    print(" 提成工资为 ",salary)
else:
    salary = total*0.05
    print(" 提成工资为 ",salary)
```

结果如下：

```
请输入月销售额 : 40000
提成工资为 800.0
请输入月销售额 : 80000
提成工资为 2400.0
请输入月销售额 : 150000
提成工资为 7500.0
```

任务评价

评价考核评分表

任务编号	4-1	任务名称	分支结构		
评价项目		分值	评价分数		
			自评	互评（组长评价）	教师评价
职业素养考核项目40%	团队合作、人际沟通能力	10分			
	责任意识、服从意识	10分			
	学习态度主动，积极参加活动	10分			
	回答问题	10分			
专业能力考核项目60%	书写程序规范、正确	10分			
	熟练应用单分支语句	10分			
	熟练应用双分支语句	20分			
	熟练应用多分支语句	20分			
总分					
总分	自评（20%）+互评（20%）+师评（60%）	综合等级			

任务二 循环结构

知识准备

循环语句 for 和 while 用于实现重复的操作。一般 for 用于循环次数确定的情况，在循环次数不定时用 while 实现循环更方便。当然，在 Python 中，重复任务不仅能够用循环语句实现，还可以用迭代工具实现。

1. for 语句

Python 提供了 for 语句用于循环的实现。它可以遍历序列成员，也可以用在列表解析和生成器表达式中，它会自动地调用迭代器的 next() 方法，捕获 StopIteration 异常并结束循环（所有这一切都是在内部发生的）。和传统语言（例如 C/C++、Java）中的 for 语句不同，Python 的 for 更像是 Shell 或是脚本语言中的 foreach 循环。

Python 使用保留字 for 实现“遍历循环”，基本使用方法如下：

```
for 循环变量 in 遍历结构 :
    语句块
```

遍历循环还有一种扩展模式，使用方法如下：

```
for 循环变量 in 遍历结构 :
    语句块 1
else:
    语句块 2
```

在这种循环中，当 for 循环正常执行后，程序会继续执行 else 语句中的内容，因此可以使用 <语句块 2> 来判断循环执行情况。

一般来说，for 循环要有计数器来计算循环执行的次数，所以计数器要有起始值和终止值。此外，计数器还要有增减值，如果没有特别明确，循环每执行一次就自动累加 1。Python 提供 range() 函数来搭配，语法如下：

```
range([start],stop[,step])
```

- start：起始值，默认为 0，参数值可以省略。
- stop：终止条件，必要条件不可省略。
- step：计数器的增减值，默认值为 1。

通常 range() 函数会与元组和列表数据一起使用，如下所示：

```
print(list(range(7)))          # 输出结果 :[0, 1, 2, 3, 4, 5, 6]
print(list(range(2,6)))        # 输出结果 :[2, 3, 4, 5]
print(list(range(2,7,2)))      # 输出结果 :[2, 4, 6]
```

- range(7)：从索引编号 0 开始，输出 7 个元素。
- range(2,6)：从索引编号 2 开始，到索引编号 5 结束，输出 4 个元素。
- range(2,7,2)：从索引编号 2 开始，到索引编号 6 结束，递增值（也称为步长）为 2，输出 3 个元素。

下面是 for 语句的一个典型示例：

```
print('100 到 200 间能被 2 整除的数有 :')
for t in range(100,201):
  if t%2==0:
    print(t,end=' ')
```

输出结果为：

```
100 到 200 间能被 2 整除的数有 :
100 102 104 106 108 110 112 114 116 118 120 122 124 126 128 130 132 134 136 138 140 142 144 146
148 150 152 154 156 158 160 162 164 166 168 170 172 174 176 178 180 182 184 186 188 190 192 194 196
198 200
```

for 语句也可以遍历字符串，示例如下：

```
str1="hello"
n=0
for i in str1:
  if i=="l":
    n=n+1
print("l 出现了 ",n," 次 ")
```

结果如下：

```
1出现了2次
```

在 for i in str1 语句中，变量 i 称为迭代变量。在循环的每次迭代中，它都会从字符串 str1 接收一个新值。迭代变量的作用域并非 for 语句私有。如果前面已经定义了一个相同名称的变量，它的值将被改写。另外，循环结束后迭代变量依然保留最后一个值。

2. while 语句

Python 通过保留字 while 实现在某条件下，循环执行某段程序，以处理需要重复处理的相同任务，基本使用方法如下：

```
while <条件表达式>:
    语句块1
  else:
    语句块2
```

进入 while 循环前先判断条件表达式，如果满足条件，则为 True，就执行语句块 1，并重复这个过程直至条件不满足。如果一开始条件就不满足，则不进入循环，因此 while 循环体有可能一次也不被执行。

而 else 部分是可选的，else 语句块是在正常离开循环体并且没有 break 语句时执行的内容。如果 while 循环中根本没有 break 语句，但如果有 else 分句，也会执行。

下面是 while 语句的一个典型示例：

```
print('100到200间能被2整除的数有:')
t=100
i=1
while t<201:
  if t%2==0:
    print(t,end=' ')
  t=t+1
```

输出结果为：

```
100到200间能被2整除的数有:
100 102 104 106 108 110 112 114 116 118 120 122 124 126 128 130 132 134 136 138 140 142 144 146 148 150 152 154 156 158 160 162 164 166 168 170 172 174 176 178 180 182 184 186 188 190 192 194 196 198 200
```

while 循环也有一种使用保留字 else 的扩展模式。在这种扩展模式中，当 while 循环正常执行后，程序会继续执行 else 语句中的内容，else 语句只在循环正常执行后才执行，因此，可以在语句块 2 中放置判断循环执行情况的语句，例如：

```
s,i="hello",0
while i<len(s):
  print("循环进行中:"+s[i])
  i+=1
else:
  s="循环正常结束"
print(s)
```

运行结果如下：

```
循环进行中 :h
循环进行中 :e
循环进行中 :l
循环进行中 :l
循环进行中 :o
循环正常结束
```

任务实施

子任务 1　for 语句

已知员工前三个月的工资，利用程序计算员工第一季度的工资总和。在 Python 中输入以下代码：

```
salary1=eval(input(' 请输入第 1 个月的工资 :'))
salary2=eval(input(' 请输入第 2 个月的工资 :'))
salary3=eval(input(' 请输入第 3 个月的工资 :'))
salary=[]
salary.append(salary1)                    # 将数据加入列表
salary.append(salary2)
salary.append(salary3)
total=0
for i in range(0,len(salary)):
    total=total+salary[i]
print(' 第一季度工资总和 ',total)
```

结果如下：

```
请输入第 1 个月的工资 :5000
请输入第 2 个月的工资 :6000
请输入第 3 个月的工资 :5500
第一季度工资总和 16500
```

子任务 2　用 for 语句遍历列表

已知用列表给出员工 12 月的工资，利用 for 语句遍历输出第一个季度的工资。在 Python 中输入以下代码：

```
gongzi=[5000,5200,5100,5000,5300,5150,5200,5000,5100,5000,5100,5200]
for i in range(3):
    print(" 第 ",i," 个月 ",gongzi[i])
```

结果如下：

```
第 0 个月 5000
```

第 1 个月 5200
第 2 个月 5100

用 for 遍历列表可以做到更为复杂的事情，比如输出符合要求的值放入列表：

```
>>> y = [x ** 2 for x in range(8) if not x % 2]
>>> for i in y:
        print(i)
```

结果如下：

```
0
4
16
36
```

子任务 3　while 语句

利用 while 循环求 10 的阶乘（即数字 1 到 10 的乘积）。

在 Python 中输入以下代码：

```
i = 1
result = 1
while i <= 10:
    result *= i
    i += 1
print(result)
```

结果如下：

```
3628800
```

子任务 4　while 语句与分支语句结合

结合 while 循环和 if...else 结构，求 100 以内 3 的倍数数字的和。

在 Python 中输入以下代码：

```
i = 1
result = 0
while i <= 100:
    if i % 3 == 0:
        result += i
        i += 1
    else:
        i += 1
print(result)
```

结果如下：

```
1683
```

任务评价

评价考核评分表

任务编号	4-2	任务名称	循环结构		
评价项目		分值	评价分数		
			自评	互评（组长评价）	教师评价
职业素养考核项目40%	团队合作、人际沟通能力	10 分			
	责任意识、服从意识	10 分			
	学习态度主动，积极参加活动	10 分			
	回答问题	10 分			
专业能力考核项目60%	程序规范、正确	10 分			
	应用 for 语句	20 分			
	应用遍历结构	10 分			
	应用 while 语句	20 分			
总分					
总分	自评（20%）+ 互评（20%）+ 师评（60%）	综合等级			

任务三　break 和 continue 语句

知识准备

在 Python 循环结构中可以用 break 和 continue 来辅助控制循环执行。其中 break 用来跳出最内层 for 或 while 循环，脱离该循环后程序从循环代码后继续执行（跳出一层循环）。continue 用来结束当前当次循环，即跳出循环体中下面尚未执行的语句，但不跳出当前循环（跳出一次循环）。

1. break 语句

Python 中的 break 语句可以结束当前循环然后跳转到下条语句，类似 C 中的传统 break。常用在当某个外部条件被触发（一般通过 if 语句检查），需要立即从循环中退出时。break 语句可以用在 while 和 for 循环中。

```
count = num / 2
while count > 0:
    if num % count == 0:
      print(num," 的最大约数是 ",count)
```

```
        break
    count -= 1
```

上边这段代码用于找出 num 的最大约数。我们迭代所有可能的约数，count 变量依次递减，第一个能整除 num 的就是我们要找的最大约数，找到后就不再继续找了，使用 break 语句退出循环。

2. continue 语句

continue 语句只允许出现在循环体内。在执行 continue 时，将会终止循环体的当前迭代操作，并使用该循环的下一个迭代继续执行。在实际使用中，continue 语句通常位于循环体的 if 语句的某些子句中，这样 continue 才会有条件地执行。

在循环语句中，使用 continue 语句是跳过循环体中位于该语句后的所有语句，提前结束本次循环并开始新一轮循环；使用 break 语句是直接结束本层循环。在两层嵌套循环中，内层循环出现 continue 和 break，都不影响外层循环。

任务实施

子任务 1 continue 语句

通过在 for 循环中使用 continue 语句实现 1 ～ 100（不含 100）的偶数和。在 Python 中输入以下代码：

```
s = 0                      # 用于保存累加和的变量
for i in range(0,100,2):
    if i%2 == 1:           # 判断是否符合条件
        continue           # 继续下一次循环
    s += i                 # 累加偶数的和
print("1 到 100 之间（不包括 100）的偶数和为 :",s)
# 输出累加结果
```

结果如下：

```
1 到 100 之间（不包括 100）的偶数和为 :2450
```

子任务 2 break 语句

用 break 语句跳出多重循环。在 Python 中输入以下代码：

```
z = 0
y =1
i, j = 5, 10
for x in range(j):
    z += 1
    print('x', x)
    while y <= i:
        z += 1
```

```
        if y == 3:
            s = True
            break
        print('y', y)
        y += 1
    if s:
        break
print('z', z)
```

结果如下：

```
x 0
y 1
y 2
z 4
```

子任务 3　用户登录

实现用户登录功能：可以输入用户名和密码；能判断用户名和密码是否正确；登录仅有 3 次机会，超过 3 次会报错。在 Python 中输入以下代码：

```
for i in range(3):
    username = input(' 请输入用户名 :')
    passwd = input(' 请输入用户名密码 :')
    if username == 'root' and passwd == '123456':
        print(' 登录成功 ')
        break
    else:
        if i == 2:
            print(' 你的机会已经用完 , 请稍后再试！ ')
        else:
            print(' 登录失败 , 您还有 %d 次机会！ '%(2-i))
```

结果如下：

```
请输入用户名 :root
请输入用户名密码 :root
登录失败 , 您还有 2 次机会 !
请输入用户名 :user
请输入用户名密码 :123456
登录失败 , 您还有 1 次机会 !
请输入用户名 :root
请输入用户名密码 :123456
登录成功
```

任务评价

评价考核评分表

任务编号	4-3	任务名称	break 和 continue 语句		
评价项目		分值	评价分数		
			自评	互评（组长评价）	教师评价
职业素养考核项目 40%	团队合作、人际沟通能力	10 分			
	责任意识、服从意识	10 分			
	学习态度主动，积极参加活动	10 分			
	回答问题	10 分			
专业能力考核项目 60%	书写程序规范、正确	20 分			
	掌握 break 语句	20 分			
	掌握 continue 语句	20 分			
总分					
总分	自评（20%）+ 互评（20%）+ 师评（60%）	综合等级			

任务四　异 常 处 理

知识准备

Python 编译时会检查语法错误，不过 Python 也允许在程序运行时检测错误。当检测到一个错误，Python 解释器就引发一个异常，并显示异常的详细信息。程序员可以根据这些信息迅速定位问题并进行调试，再找出处理错误的办法。

1. 捕获与产生异常

异常的捕获是使用 try...except 块实现的，如果要给代码添加错误检测及异常处理，只需将它们封装在 try...except 语句当中。try 之后的代码组，就是你打算管理的代码。except 之后的代码组则是你处理错误的代码。

其通常语法格式如下：

```
try:
    被监控的可能引发异常的语句块
except Exception1:
    处理 Exception1 的语句块
except Exception2:
    处理 Exception1 的语句块
...
```

```
except BaseException[as e]:
    异常处理语句块
else:
    语句块
finally:
    语句块
```

其中至少要包含一个 except 块，else 与 finally 块都是可选的。在 try 块中被监控语句块正常执行完毕时，会执行 else 块的语句，如果发生异常，就不会执行。如果存在一个 finally 块，则最后总会执行。

try 块包含着可能引发异常的代码；except 块则用来捕捉和处理发生的异常；如果 try 块中没有抛出异常，则执行 else 块；finally 块无论是否发生异常都会被执行，通常用来释放 try 块中申请的资源。

Python 还提供了更简单的 try...finally 块，有时也是有用的，如下所示：

```
try:
    被监控的可能引发异常的语句块
finally:
    语句块
```

不管 try 块的被监控语句是否异常，finally 块的语句块都将得以执行。将 with 语句与上下文管理器一起使用，也可以达到 try...finally 块的效果。

try...except...finally 块的一种常见应用是处理文件错误。

2. 异常的类型

Python 中定义了一些标准的异常类型，具体的异常名称和对应的实际意义如表 4-1 所示。

表 4-1　异常名称及描述

异常名称	描述
BaseException	所有异常的基类
SystemExit	解释器请求退出
KeyboardInterrupt	用户中断执行
Exception	常规错误的基类
StopIteration	迭代器没有更多的值
GeneratorExit	生成器发生异常来通知退出
StandardError	所有的内建标准异常的基类
ArithmeticError	所有数值计算错误的基类
FloatingPointError	浮点计算错误
OverflowError	数值运算超出最大限度
ZeroDivisionError	除（或取模）零（所有数据类型）
AssertionError	断言语句失败

续表

异常名称	描述
AttributeError	对象没有这个属性
EOFError	没有内建输入，到达 EOF 标记
EnvironmentError	操作系统错误的基类
IOError	输入与输出操作失败
OSError	操作系统错误
WindowsError	系统调用失败
ImportError	导入模块 / 对象失败
LookupError	无效数据查询的基类
IndexError	序列中没有此索引（index）
KeyError	映射中没有这个键
MemoryError	内存溢出错误
NameError	未声明 / 初始化对象（没有属性）
UnboundLocalError	访问未初始化的本地变量
ReferenceError	弱引用试图访问已经垃圾回收了的对象
RuntimeError	一般的运行时错误
NotImplementedError	尚未实现的方法
SyntaxError Python	语法错误
IndentationError	缩进错误
TabError Tab	和空格混用
SystemError	一般的解释器系统错误
TypeError	对类型无效的操作
ValueError	传入无效的参数
UnicodeError	相关的错误
UnicodeDecodeError	解码时错误
UnicodeEncodeError	编码时错误
UnicodeTranslateError	转换时错误
Warning	警告的基类
DeprecationWarning	关于被弃用的特征的警告
FutureWarning	关于构造将来语义会有改变的警告
OverflowWarning	旧的关于自动提升为长整型的警告
PendingDeprecationWarning	关于特性将会被废弃的警告
RuntimeWarning	可疑的运行时行为的警告
SyntaxWarning	可疑的语法的警告
UserWarning	用户代码生成的警告
BaseException	所有异常的基类

3. 自定义异常

自定义异常是自定义的数据类型（类）。创建简单的自定义异常类型比较简单。首先看看 Python 的异常继承树，如图 4-7 所示。

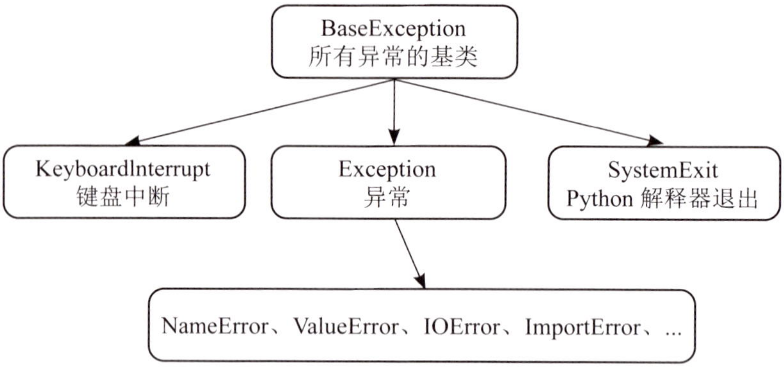

图 4-7　Python 的异常继承树

可以看到 Python 的异常有个大基类，然后继承的是 Exception。所以我们自定义类也必须继承 Exception。自定义一个异常以及主动抛出异常的时候，就可以主宰一个异常的发生。

自定义抛出异常关键字 raise 的功能是可以将信息以报错的形式抛出。

raise 关键字的语法格式如下：

```
raise 异常类型 (message)
```

message：为要输出的错误信息。当程序执行到 raise 关键字这一行的时候，Python 解释器就会根据 raise 的要求抛出异常错误。因为 raise 关键字是抛出一个异常，所以没有返回值。

任务实施

子任务 1　文件写入异常处理

以可读模式打开一个 test.txt 文件，然后向文件中写入一句话“测试 Python 中的异常 !”因为文件是以可读模式打开的，所以没有写入权限，肯定会出错。又因为是在 try 代码块中，会被对应的 IO 错误类型捕获，并输入提示信息“Error：写入文件失败”。在 Python 中输入以下代码：

```
try:
    fh = open("test.txt", "r")
    fh.write(" 测试 Python 中的异常 !")
except IOError:
    print("Error: 写入文件失败 ")
else:
```

```
    print(" 内容写入文件成功 ")
fh.close()
```

结果如下：

```
Error: 写入文件失败
```

子任务 2　用 raise 语句主动抛出异常

计算阶乘时，当数值小于零或者不是整型时，用 raise 语句引发一个报错，让外部的异常捕捉机制来处理。在 Python 中输入以下代码：

```
def factorial(n):
    try:
        if n<0 or type(n)!=int:
            raise Exception(" 该数不能阶乘 ")
        else:
            return n*factorial(n-1)
    except Exception as e:
        print(e)
result=factorial(-1)
```

结果如下：

```
该数不能阶乘
```

任务评价

评价考核评分表

任务编号	4-4	任务名称	异常处理		
评价项目		分值	评价分数		
			自评	互评（组长评价）	教师评价
职业素养考核项目 40%	团队合作、人际沟通能力	10 分			
	责任意识、服从意识	10 分			
	学习态度主动，积极参加活动	10 分			
	回答问题	10 分			
专业能力考核项目 60%	书写程序规范、正确	20 分			
	熟悉异常处理语法	20 分			
	熟练应用异常处理语句	20 分			
总分					
总分	自评（20%）+ 互评（20%）+ 师评（60%）	综合等级			

项 目 小 结

本项目主要讲解程序的基本结构，包括分支结构和循环结构。程序中如果需要根据执行情况作不同的处理，就用 if 语句来实现分支，构成条件表达式的关键是弄清楚哪些表达式的测试结果为 False，哪些为 True。for 和 while 循环语句用来实现重复任务，while 的循环次数由后面的条件表达式是否为 True 决定，在表达式为 False 时退出。for 通常用于循环次数已知的情况。循环结构可以嵌套多层。

思考与练习

一、单项选择题

1．设 a=int(input("input:"))，下列（　　）是不正确的。

A．
```
if(a>0):
    pass
```
B．
```
if a>=0:
    pass
```
C．
```
if a=0:
    pass
```
D．
```
if a==0:
    pass
```

2．下列程序的执行结果是（　　）。

```
for i in range(2):
    print(i,end='')
for i in range(4,6):
    print(i,end='')
```

A．2 4 6　　B．0 1 2 4 5 6

C．0 1 0 1 2 3　　D．0 1 4 5

3．下列循环的执行结果是（　　）。

```
sum=0
for i in range(100):
    if(i%10):
        continue
    sum=sum+i
print(sum)
```

A．5050　　B．4950　　C．450　　D．45

二、多项选择题

1．以下关于列表和字符串的描述，正确的是（　　）。

A．列表使用正向递增序号和反向递减序号的索引体系

B．列表是一个可以修改数据项的序列类型

C．字符和列表均支持成员关系操作符（in）和长度计算函数（len()）

D．字符串是单一字符的无序组合

2．以下关于循环结构的描述，正确的是（　　）。

A．遍历循环使用 for in 语句，其中循环结构不能是文件

B．使用 range() 函数可以指定 for 循环的次数

C．for i in range(5) 表示循环 5 次，i 的值是从 0 到 4

D．用字符串做循环结构的时候，循环的次数是字符串的长度

3．关于 Python 的分支结构，以下选项中描述正确的是（　　）。

A．分支结构使用 if 保留字

B．Python 中 if...else 语句用来形成二分支结构

C．Python 中 if...elif...else 语句描述多分支结构

D．分支结构可以向已经执行过的语句部分跳转

三、实训题

1．录入一个学生的百分制成绩，把该学生成绩转换成 5 分制成绩。转换规则如下：90 分及以上转为 5 分，80 分及以上转为 4 分，70 分及以上转为 3 分，60 分及以上转为 2 分，不及格转为 1 分。

2．淘汰游戏：有 n 个人围成一圈，顺序排号。从第一个人开始报数(从 1 到 3 报数)，凡报到 3 的人退出圈子，问最后留下的是原来第几号的那位。

项目五 函数与模块

知识目标

★ 掌握函数的定义与调用方法。
★ 熟悉形参与实参的具体使用。
★ 熟悉模块的使用方法。
★ 掌握包的引用方法。

技能目标

★ 能应用简单的自定义函数解决问题。
★ 能编写带有参数的函数解决实际问题。
★ 能熟练运用模块，拓展程序功能。
★ 能熟练引用包，完成复杂程序设计。

素质目标

★ 培养学生的创新能力。
★ 能和团队成员沟通合作，共同完成实训任务。

任务一　函数的定义和调用

知识准备

1. 函数的定义

在 Python 程序开发过程中，将完成某一特定功能并经常使用的代码编写成函数，放在函数库（模块）中供大家选用，在需要使用时直接调用，这就是程序中的函数。定义函数的基本方法如下：

```
def 函数名 ( 函数参数 ):
    函数体
    return 表达式或者值
```

2. 函数的参数

在函数定义的参数表中的参数称为形式参数，简称形参。调用函数时，参数表中提供的参数称为实际参数，简称实参。实参可以是常量、表达式或变量。实参是常量或表达式时，直接将常量或表达式计算结果传递给形参。在 Python 中，变量保存的是对象的引用，实参为变量时，参数传递会将实参对对象的引用赋值给形参。

在 Python 中函数参数定义和传递的方式相比而言就灵活多。一般使用涉及如下三种情况。

（1）默认值参数，它能够给函数参数提供默认值，如：

```
def display(a='hello',b='red'):
    print (a+b)
# 主程序
display()
display(b='world')
display(a='china')
display('world')
```

（2）关键字参数。利用关键字参数避免了用户需要牢记位置参数顺序的麻烦，如：

```
def display(a,b):
    print (a)
    print (b)
```

下面两句达到的效果是相同的：

```
display(a='world',b='hello')
display(b='hello',a='world')
```

（3）任意个数参数。一般情况下在定义函数时，函数参数的个数是确定的，然而某些情况下是不能确定参数的个数的，比如要存储某个人的名字和它的小名，某些人小名可能有两个或者更多个，此时无法确定参数的个数，只需在参数前面加上“*”或者“**”（“*”和“**”表示能够接受0到任意多个参数，“*”表示将没有匹配的值都放在同一个元组中，“**”表示将没有匹配的值都放在一个字典中），如下所示：

```
def storename(name,*nickName):
    print ('real name is %s' %name)
    for nickname in nickName:
        print (' 小名 ',nickname)
# 主程序
storename(' 张海 ')
storename(' 张海 ',' 小海 ')
storename(' 张海 ',' 小海 ',' 小豆豆 ')
```

3. 函数的调用

调用函数的基本格式如下：

```
函数名 ( 参数表 )
```

在 Python 中，所有的语句都是解释执行的，不存在如 C/C++ 中的编译过程。Python 中函数的调用必须出现在函数的定义之后。在 Python 中，函数也是对象（function 对象）。

4. 内置函数

内置函数又称系统函数，或内建函数，是指 Python 本身所提供的函数，任何时候都可以使用。

Python 常用的内置函数有数学运算函数、类型转换函数和反射函数等。想要查找所有内置函数名可以在 Python 命令行方式下输入：

```
>>> dir(__builtins__)
```

任务实施

子任务 1　简单函数的使用

定义一个函数，完成两个数字的求和运算。在 Python 中输入以下代码：

```
def add(a,b=-100):        # 参数 b 默认值为 -100
    return a+b
print(add(1,2))
```

结果如下：

```
3
```

应注意，带默认值的参数为可选参数，在定义函数时，应放在参数表的末尾。

子任务 2　较复杂函数的使用

定义一个函数，可以求任意多个数的和。在 Python 中输入以下代码：

```
def add(a,*b):
 s=a
 for x in b:            # 用循环迭代元组 b 中的对象
   s+=x                 # 累加
 return s               # 返回累加结果

print(add(1))           # 不为带星号的形参提供数据 , 此时形参 b 为空元组
print(add(1,2,3,4,5))   # 求 5 个数的和 , 此时形参 b 为元组 (2,3,4,5)
```

结果如下：

```
1
15
```

在定义函数时，如果在参数名前面使用星号“*”，表示形参是一个元组，可接受任意个数的参数。当然，调用函数时，也可以不为带星号的形参提供任何数据。

子任务 3　函数列表的使用

定义一个函数列表，通过该函数列表分别完成求和、求阶乘的运算。在 Python 中输入以下代码：

```
def add(a,b):           # 定义求和函数
    return a+b
def fac(n):             # 定义求阶乘函数
   if n==0:
     return 1
   else:
     return n*fac(n-1)
d=[add,fac]             # 建立函数列表
print(d[0](1,2))        # 调用求和函数
print(d[1](5))          # 调用求阶乘函数
```

结果如下：

```
3
120
```

注意：因为函数是一种对象，所以可将其作为列表元素使用，然后通过列表索引来调用函数。

任务评价

评价考核评分表

<table>
<tr><td>任务编号</td><td>5-1</td><td>任务名称</td><td colspan="3">函数的定义和调用</td></tr>
<tr><td colspan="2" rowspan="2">评价项目</td><td rowspan="2">分值</td><td colspan="3">评价分数</td></tr>
<tr><td>自评</td><td>互评（组长评价）</td><td>教师评价</td></tr>
<tr><td rowspan="4">职业素养
考核项目
40%</td><td>团队合作、人际沟通能力</td><td>10 分</td><td></td><td></td><td></td></tr>
<tr><td>责任意识、服从意识</td><td>10 分</td><td></td><td></td><td></td></tr>
<tr><td>学习态度主动，积极参加活动</td><td>10 分</td><td></td><td></td><td></td></tr>
<tr><td>回答问题</td><td>10 分</td><td></td><td></td><td></td></tr>
<tr><td rowspan="4">专业能力
考核项目
60%</td><td>书写程序规范、正确</td><td>10 分</td><td></td><td></td><td></td></tr>
<tr><td>掌握简单函数的使用</td><td>10 分</td><td></td><td></td><td></td></tr>
<tr><td>掌握复杂函数的使用</td><td>20 分</td><td></td><td></td><td></td></tr>
<tr><td>掌握函数列表的使用</td><td>20 分</td><td></td><td></td><td></td></tr>
<tr><td colspan="3">总分</td><td></td><td></td><td></td></tr>
<tr><td>总分</td><td>自评（20%）+ 互评（20%）+ 师评（60%）</td><td>综合等级</td><td></td><td></td><td></td></tr>
</table>

任务二　模块的使用

知识准备

在计算机程序的开发过程中，随着程序代码越写越多，在一个文件中的代码就会越来越长，越来越不容易维护，而模块就能很好地解决了这个问题。简单地说，模块就是一个保存了 Python 代码的文件。一个模块中的函数，可以被其他程序使用，这些模块包括 Python 内置的模块和来自第三方的模块。模块可以被导入，但模块也会导入和使用其他模块，这些模块可以用 Python 或其他语言写成。

名称相同的函数和变量可以分别存在于不同模块中，因此在编写模块时，不必考虑名称会与其他模块冲突。但是也要注意，尽量不要与内置函数名称冲突。

模块带来的好处是：模块（Module）能够有逻辑地组织 Python 代码段。把相关的代码分配到一个模块中能让代码更好用、更易懂。模块的构成及原理图如图 5-1 所示。

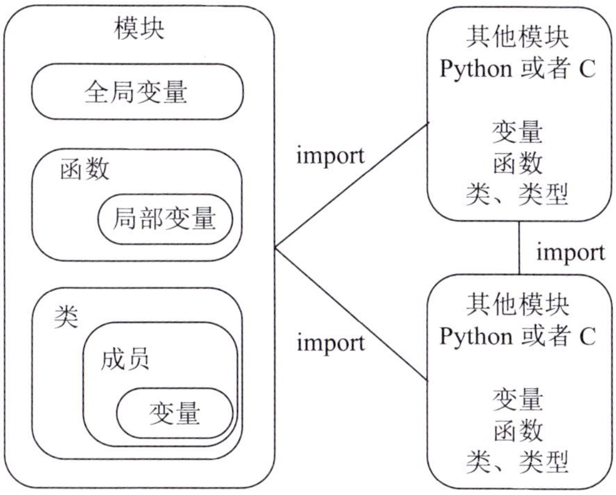

图 5-1　模块的构成及原理图

1. 导入模块

导入模块的方式如下：

```
import X
from X import *
from X import a, b, c
```

在 Python 中用关键字 import 来导入某个模块。例如：

```
import math        # 导入 math 模块
print ("50 的平方根 :", math.sqrt(50))
y=hex (50)
print ("50 的 16 进制 :",y)
```

有时候只需要用到模块中的某个函数，则只要引入该函数即可，此时可以通过下列语句来实现：

```
from 模块名 import 函数名 1, 函数名 2...
```

通过这种方式引入的时候，调用函数时只能给出函数名，不能给出模块名。

要注意的是：使用 import 导入模块时，模块的变量使用“模块名 .”作为限定词，所以不存在歧义，即使与其他模块的变量同名也没有关系。在使用 from 时，当前模块的同名变量引用了模块内部的对象，应注意引用模块变量与当前模块或其他模块的变量同名的情况。

2. 定义自己的模块

在 Python 中，每个 Python 文件都可以作为一个模块，模块的名称就是文件的名称。比如有这样一个文件 fibo.py，在 fibo.py 中定义了 3 个函数 add()、fib()、fib2()，那么在其他文件（如 test.py）中就可以导入模块：

```
#test.py
import fibo
```

加上模块名称来调用函数：

```
fibo.fib(1000)    # 结果是 1 1 2 3 5 8 13 21 34 55 89 144 233 377 610 987
fibo.fib2(100)    # 结果是 [1, 1, 2, 3, 5, 8, 13, 21, 34, 55, 89]
fibo.add(2,3)     # 结果是 5
```

3．包

包就是一个完成特定任务的工具箱，Python 提供了许多有用的工具包，如字符串处理、图形用户接口、Web 应用、图形图像处理等，这些自带的工具包和模块安装在 Python 的安装目录下的 Lib 子目录中。包是一个至少包含 __int__.py 文件的文件夹。Python 包和 Java 包的作用是相同的，都是为了实现程序的重用。把实现一个常用功能的代码组合到一个包中，调用包提供的服务从而实现重用。

因此，Python 的程序由包（package）、模块（module）和函数组成。包是由一系列模块组成的集合，模块是处理某一类问题的函数和类的集合，它们之间的关系如图 5-2 所示。

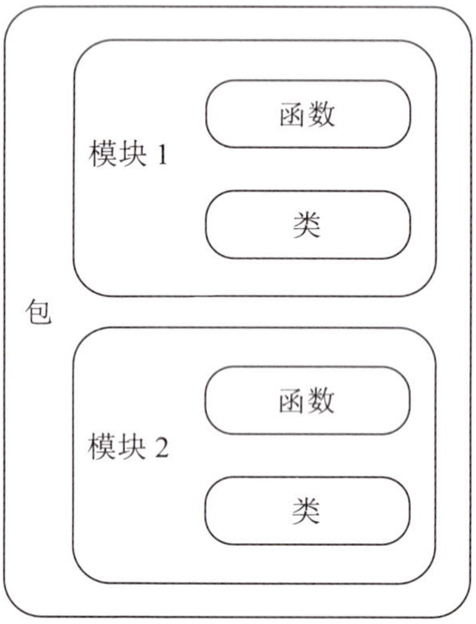

图 5-2　包、模块及函数之间的关系

任务实施

子任务 1　使用 datetime 包

请利用 datetime 包将当前系统时间转换为字符串。在 Python 中输入以下代码：

```
from datetime import datetime
print(" 现在是 {0:%Y} 年 {0:%m} 月 {0:%d} 日 {0:%I}:{0:%M}".format(datetime.now()))
```

运行结果如下：

```
现在是 2022 年 09 月 24 日 01:22
```

子任务 2　使用 random 模块

使用 random 模块分别产生如下随机数字：

大于 0 且小于 1 之间的小数；大于等于 1 且小于等于 3 之间的整数；大于 1 小于 3 的小数。

在 Python 中输入以下代码：

```
import random
# 大于 0 且小于 1 之间的小数
print(random.random())
# 大于等于 1 且小于等于 3 之间的整数
print(random.randint(1, 3))
# 大于 1 小于 3 的小数，如 1.927109612082716
print(random.uniform(1, 3))
```

结果如下（每次运行结果可能会不同）：

```
0.42866657593385415
3
2.1789596280319605
```

子任务 3　调用 turtle 包绘制图形

使用 turtle 包绘制图形。在 Python 中输入以下代码：

```
from turtle import *
color('red', 'blue')
begin_fill()
while True:
    forward(200)
    left(170)
    if abs(pos()) < 1:
        break
end_fill()
done()
```

结果如图 5-3 所示。

图 5-3　程序运行结果

任务评价

评价考核评分表

任务编号	5-2	任务名称	模块的使用		
评价项目		分值	评价分数		
			自评	互评（组长评价）	教师评价
职业素养考核项目 40%	团队合作、人际沟通能力	10 分			
	责任意识、服从意识	10 分			
	学习态度主动，积极参加活动	10 分			
	回答问题	10 分			
专业能力考核项目 60%	书写程序规范、正确	10 分			
	掌握正确导入模块	20 分			
	熟悉自定义模块	20 分			
	能应用包	10 分			
总分					
总分	自评（20%）+ 互评（20%）+ 师评（60%）	综合等级			

项 目 小 结

本项目主要涉及函数的定义与调用、模块的作用、包的引用等内容。在使用自定义函数过程中要注意函数参数类型的选择。在使用模块和包中的函数时，要注意函数的个数及默认值。程序中的功能大都由函数完成，为了使得程序功能强大，要善于运用模块和包进行函数功能的拓展。

思考与练习

一、单项选择题

1. 关于 return 语句，以下选项描述正确的是（　　）。

   A. return 只能返回一个值

   B. 函数可以没有 return 语句

   C. 函数必须有一个 return 语句

   D. 函数中最多只有一个 return 语句

2．以下关于函数说法错误的是（　　）。

A．函数可以看作是一段具有名称的子程序

B．函数通过函数名来调用

C．函数是一段具有特定功能的、可重用的语句组

D．对函数的使用必须了解其内部实现原理

3．下列程序的输出结果为（　　）。

```
def f(a, b):
    a = 4
    return a + b
def main():
    a = 5
    b = 6
    print(f(a, b), a + b)
main()
```

A．10 10　　B．11 10　　C．11 11　　D．10 11

4．关于关于模块的说法错误的是（　　）。

A．模块需要导入后才能使用

B．每次导入都会执行模块

C．模块允许嵌套导入

D．from...import * 语句不一定能导入模块的全部变量

二、多项选择题

1．以下关于模块的描述，正确的是（　　）。

A．模块是函数的另一种表达形式

B．模块和函数没什么关系

C．模块中包含函数定义

D．在模块中 A 可以引用另一个模块 B

2．以下关于包的描述，错误的是（　　）。

A．包与模块有一定关系，包中可以包含模块

B．包是模块的集合

C．包中不能有函数

D．包中不能有模块

三、实训题

1．定义一个函数列表，包含 3 个函数，分别用于完成两个整数的加法、减法和乘法运算。从键盘输入两个数，调用列表中的函数完成如上三种运算。

2．自己编写一个打印杨辉三角的功能函数 yanghui(n)，该函数放在模块 A.py 中。在 B.py 文件中编写代码，调用模块 A.py 中的函数，打印出杨辉三角。

项目六 文件操作

知识目标

★ 掌握文件的打开、关闭等方法。
★ 熟悉文本文件的读写方法。
★ 熟悉二进制文件的读写方法
★ 熟悉 CSV 文件的读写方法。
★ 熟悉 Excel 文件的读写方法。

技能目标

★ 能够利用 Python 语言创建普通文本文件。
★ 能够利用 Python 语言读写文本数据。
★ 能够利用 Python 语言读写二进制数据
★ 能够利用 Python 语言读写 CSV 文件。
★ 能够利用 Python 语言读写 Excel 文件。

素质目标

★ 能熟练解决程序中遇到的问题。
★ 能和团队成员沟通合作，共同完成实训任务。

任务一　文　　件

知识准备

1. 文件的定义

简单地说，文件是存储在辅助存储器上的数据序列，在逻辑上具有完整意义。文件是数据的集合和抽象；相对的，函数是程序的集合和抽象。用文件组织数据更为灵活和有效。Windows 系统的数据文件按照编码方式分为两大类：文本文件、二进制文件。

2. 文本文件

文本文件由单一特定编码的字符组成，如 UTF-8 编码。文本文件可以处理各种语言所需的字符。文件中只包含基本文本字符，不包括诸如字体、字号、颜色等信息。它可以在文本编辑器和浏览器中显示，即在任何情况下，文本文件都是可读的。文本文件可以看作是存储在存储器上的一个长字符串。

3. 二进制文件

二进制文件由比特 0 和比特 1 组成，文件数据的组织格式与文件用途有关。二进制文件是信息按照非字符的特定格式形成的文件，如 .jpg 格式的图像文件、.avi 格式的视频文件。二进制文件与文本文件最大的区别就是有没有统一字符编码，它使用的是其他编码方式。二进制文件可以看作字节流，而不是字符串。

4. 文件的访问方法

在 Python 中对文件的操作通常按照以下三个步骤进行：

（1）使用 open() 函数打开（或建立）文件，返回一个 file 对象。

（2）使用 file 对象的读写方法对文件进行读写的操作。其中，将数据从外存传输到内存的过程称为读操作，将数据从内存传输到外存的过程称为写操作。

（3）使用 file 对象的 close() 方法关闭文件。

5. 文件的读写模式

可以按照不同的方式打开文件，以便进行读写操作。具体来说，有如下几种读写模式：

r：只读模式，默认值。

w：只写模式，创建新文件。若文件已存在，则原来的文件被覆盖。

a：只写、追加模式。若文件存在，在文件末尾添加数据；文件不存在时会创建新文件。

x：只写模式，创建新文件。若文件已存在，则报错。

t：按文本格式读写文件数据，默认方式。

b：按二进制格式读写文件数据。

+：组合读写模式，同时进行读、写操作。

“t”“b”和“r”“w”“a”“x”可组合使用，“+”必须和“r”“w”“a”组合使用。

省略读写模式：只能按文本格式从文件读取数据，等同于“rt”。例如，open('data.txt')。

rb：只能按二进制格式从文件读取数据。例如，open('data.txt','rb')。

w 和 wt：只能按文本格式向文件写入数据。例如，open('data.txt','w')。

r+：可按文本格式从文件读取数据，或向文件写入数据。例如，open('data.txt','r+')。

wb：只能按二进制格式向文件写入数据。例如，open('data.txt','wb')。

rb+：可按二进制格式从文件读取数据，或向文件写入数据。例如，open('data.txt','rb+')。

a+：可按文本格式从文件读取数据，或向文件写入数据，写入的数据始终添加到文件末尾。例如，open('data.txt','a+')。

ab+：可按二进制格式从文件读取数据，或向文件写入数据，写入的数据始终添加到文件末尾。

6. 文件指针

打开文件后，Python 用一个文件指针记录当前读写位置。以“w”或“a”模式打开文件时，文件指针指向文件末尾；以“r”模式打开文件时，文件指针指向文件开头。Python 始终在文件指针的位置读写数据，读取或写入一个数据后，根据数据长度，向后移动文件指针。

7. 文件关闭时要注意的问题

一般来说，可以使用 close() 方法关闭文件，示例代码如下：

```
myfile.close()                    # 关闭文件
```

通常，Python 会使用内存缓冲区缓存文件数据。关闭文件时，Python 将缓冲的数据写入文件，然后关闭文件，释放对文件的引用。程序结束时，Python 可自动关闭未使用的文件。但代码编写时主动关闭不用的文件是一种好的习惯。另外，注意：flush() 方法可将缓冲区的内容写入文件，但不关闭文件，示例代码如下：

```
myfile.flush()
```

任务实施

读取磁盘文本，以只读方式打开一个文本文件（d:\mytext.txt，该文件包含一行字符串信息“文件是数据的仓库”），读取文件内容，然后再关闭该文件。在 Python 中输入以下代码：

```
myfile=open(r'd:\mytext.txt')          # 以默认只读方式打开文件
x=myfile.readln()                      # 读文件指针所在当前行全部内容到变量 x 中
print(x)                               # 输出 x 的内容
myfile.close()                         # 关闭文件
```

结果如下：

文件是数据的仓库

任务评价

评价考核评分表

<table>
<tr><td>任务编号</td><td colspan="2">6-1</td><td>任务名称</td><td colspan="3">文件</td></tr>
<tr><td colspan="3" rowspan="2">评价项目</td><td rowspan="2">分值</td><td colspan="3">评价分数</td></tr>
<tr><td>自评</td><td>互评（组长评价）</td><td>教师评价</td></tr>
<tr><td rowspan="4">职业素养
考核项目
40%</td><td colspan="2">团队合作、人际沟通能力</td><td>10 分</td><td></td><td></td><td></td></tr>
<tr><td colspan="2">责任意识、服从意识</td><td>10 分</td><td></td><td></td><td></td></tr>
<tr><td colspan="2">学习态度主动，积极参加活动</td><td>10 分</td><td></td><td></td><td></td></tr>
<tr><td colspan="2">回答问题</td><td>10 分</td><td></td><td></td><td></td></tr>
<tr><td rowspan="3">专业能力
考核项目
60%</td><td colspan="2">书写程序规范、正确</td><td>20 分</td><td></td><td></td><td></td></tr>
<tr><td colspan="2">熟悉文件类型</td><td>20 分</td><td></td><td></td><td></td></tr>
<tr><td colspan="2">掌握文件读写模式</td><td>20 分</td><td></td><td></td><td></td></tr>
<tr><td colspan="4">总分</td><td></td><td></td><td></td></tr>
<tr><td>总分</td><td colspan="2">自评（20%）＋互评（20%）＋师评（60%）</td><td>综合等级</td><td></td><td></td><td></td></tr>
</table>

任务二 文本文件的读写

知识准备

我们可以用调用文件对象 file 的多种方法读取文件内容，返回字符串还是字节流取决于文件的打开方式。文件以文本方式打开则返回字符串；以二进制方式打开则返回字节流。

表 6-1 读文本文件的常用方法

操作方法	含义
<file>.readall()	读入整个文件内容，返回一个字符串或一个字节流
<file>.read(size=-1)	读入整个文件内容，若给出参数 size，则读入前 size 长度的字符串或字节流
<file>.readline(size=-1)	从文件读入一行内容，若给出参数 size，则读入该行前 size 长度的字符串或字节流
<file>.readlines(hint=-1)	从文件读入所有行内容，以每行内容为元素形成列表，若给出参数 hint，则读入 hint 行

1. read() 方法

read() 方法是读取文件内容的最常用的一个基本方法。如下所示：

```
helloFile=open("d:\\python\\hello.txt")
fileContent=helloFile.read()
helloFile.close()
print(fileContent)
```

可以使用 read(size) 方法设置参数 size 限制 read() 方法一次读取文件的大小。

2. readline() 方法

readline() 方法从文件中获取一个字符串，一个字符串就是文件中的一行。例如：

```
helloFile=open("d:\\python\\hello.txt")
fileContent=""
while True:
  line=helloFile.readline()
  if line=="":   # 或者 if not line
    break
  fileContent+=line
helloFile.close()
print(fileContent)
```

3. readlines() 方法

readlines() 方法从文件中获取全部内容，并形成一个列表，列表的每一个元素就是文件里每一行的内容。例如：

```
helloFile=open("d:\\python\\hello.txt")
for line in helloFile:
   print(line)
helloFile.close()
```

上面代码将文件本身作为一个行序列，逐行读入内容到内存，逐行处理。

4. 写文本文件

写文件与读文件相似，都需要先使用 open() 函数创建文件对象连接。所不同的是，打开文件时是以“写”模式或“添加”模式打开。如果文件不存在，则创建该文件。与读文件时不能添加或修改数据类似，写文件时也不允许读取数据。写数据到文本文件的基本方法如表 6-2 所示。

表 6-2　写数据到文本文件的基本方法

方法	含义
<file>.write(s)	向文件写入一个字符串或一个字节流
<file>.writelines(lines)	将一个元素全为字符串的列表写入文件

例如，如下代码将 4 行字符串写入文件 mytext.txt 中：

```
hmldFile=open("C:\\mytext.txt", "a+")
ls=[" 我最亲爱的祖国 \n"," 我永远紧依着你的心窝 \n"," 你用你那母亲的脉搏 \n"," 和我诉说 \n"]
hmldFile.writelines(ls)
hmldFile.seek(0,0)
for line in hmldFile:
   print(line)
hmldFile.close()
```

5. 文件指针的移动

无论读或写文件，Python 都会跟踪文件中的读写位置。在默认情况下，文件的读或写都从文件的开始位置进行。Python 提供了 seek() 方法控制文件读写起始位置，使得我们可以改变文件读 / 写操作发生的位置。seek() 方法可以移动文件指针，如图 6-1 所示。

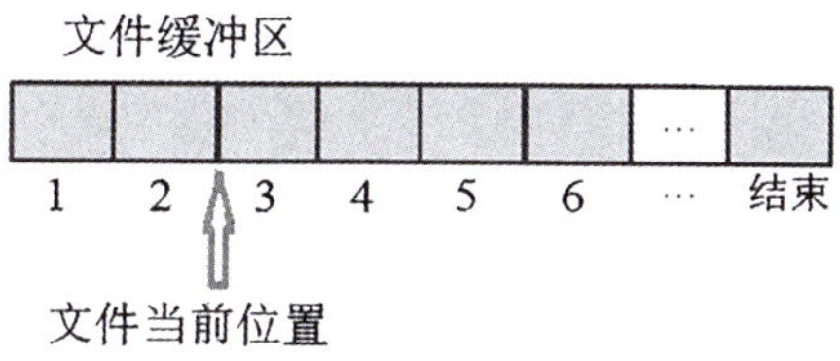

图 6-1 文件指针

seek() 函数将文件当前指针由引用点移动指定的字节数到指定的位置，语法格式如下：

```
seek(offset[,whence])
```

当文件以文本文件方式打开时，只能默认从文件头计算偏移量，即 whence 参数为 1 或 2 时，offset 参数只能取 0，Python 解释器不接受非零当前偏移。例如，下面代码运行完毕后，s 中的内容是“123ZUT789”。

```
exampleFile=open("C:\\example.txt","w+")
exampleFile.write("123456789")
exampleFile.seek(3)
exampleFile.write("ZUT")
exampleFile.seek(0)
s=exampleFile.read()
exampleFile.close()
print(s)
```

任务实施

读取文本文件 f1.txt 中的内容（假定文件中是 26 个英文字母），将 f1.txt 文件中的内容逆序存入另一个文件 f2.txt 中。在 Python 中输入以下代码：

```
f1=open('f1.txt')
cs=f1.read()
```

```
f2=open('f2.txt','w')
f2.write(cs[::-1])
f1.close()
f2.close()
####### 打印内容 ###########
f1=open('f1.txt')
cs=f1.read()
print("f1.txt:")
print(cs)
f2=open('f2.txt')
cs=f2.read()
print("f2.txt:")
print(cs)
f1.close()
f2.close()
```

结果如下：

```
f1.txt:
abcdefghijklmnopqrstuvwxyz
f2.txt:
zyxwvutsrqponmlkjihgfedcba
```

任务评价

评价考核评分表

任务编号	6-2	任务名称	文本文件的读写		
评价项目		分值	评价分数		
			自评	互评（组长评价）	教师评价
职业素养考核项目 40%	团队合作、人际沟通能力	10 分			
	责任意识、服从意识	10 分			
	学习态度主动，积极参加活动	10 分			
	回答问题	10 分			
专业能力考核项目 60%	书写程序规范、正确	10 分			
	掌握读文本文件的方法	20 分			
	掌握写文本文件的方法	20 分			
	熟悉文件指针的移动	10 分			
总分					
总分	自评（20%）+ 互评（20%）+ 师评（60%）	综合等级			

任务三　二进制文件的读写

知识准备

Python 没有二进制类型，但是可以用 string 字符串类型来存储二进制类型数据，因为 string 是以字节为单位的。

1. 将数据转换成字节串（以字节为单位的字符串）

可以利用 struct 包中的 pack() 方法可以把数据转换成字节串，语法格式如下：

```
pack( 格式化字符串 , 数据 )
```

下面示例将变量 a 以二进制格式写入文件中：

```
import struct
a=97
f1=open("C:\f1.txt","wb")
bytes=struct.pack('i',a)        # 将 a 变为 string 字节串
f1.write(bytes)
f1.close
print(bytes)
```

运行结果如下：

```
b'\x14\x00\x00\x00'
```

2. 将字节串（以字节为单位的字符串）还原成数据

unpack() 方法可以把相应数据的字节串还原成数据。使用方法如下（假设 f1.txt 中保存了 26 个小写的英文字母）：

```
import struct
s1='abcdefghijklmnopqrstuvwxyz'
f1=open("f1.bin","wb");
bytes=struct.pack("26s",s1.encode("utf-8"));
f1.write(bytes)
f1.close()
f2=open("f1.bin","rb")
bytes=f2.read()
s2=struct.unpack("26s",bytes)
print(s2)
f2.close()
```

运行结果如下：

```
(b'abcdefghijklmnopqrstuvwxyz',)
```

任务实施

读写二进制文件，设计一个程序，将用户的 ID 和密码以字典对象的格式存入文件，然后从文件读取数据，验证输入的 ID 和密码是否正确。

在 Python 环境中编写代码如下：

```
'''
用文件存储用户的 ID 和密码，每个用户的数据为一个字典对象
使用列表保存所有用户的数据
'''
users=[]                                    # 创建一个空列表
users.append({'id':'admin','pwd':'135@$^'}) # 添加用户数据
users.append({'id':'guest','pwd':'123'})
users.append({'id':'python','pwd':'123456'})
myfile=open('userdata.bin','wb')            # 打开保存用户数据的文件
import pickle
pickle.dump(users,myfile)                   # 将用户数据写入文件
myfile.close()                              # 关闭文件
print(' 账户信息已经写入文件 userdata.bin')
myfile=open('userdata.bin','rb')            # 重新打开文件
data=pickle.load(myfile)                    # 读取文件中的数据
while True:
  id=input(' 请输入用户 ID，输入 -1 可退出程序 :')
  if id=='-1':
    print(' 你已退出程序 ')
    break
  idok=False
  temp=""
  for user in data:
    if id==user['id']:
      idok=True
      temp=user
      break
  if not idok:
    print(' 用户 ID 错误 ')
    continue
  pwd=input(' 请输入密码，输入 -1 可退出程序 :')
  if id=='-1':
    print(' 你已退出程序 ')
    break
  if temp['pwd']!=pwd:
    print(' 密码错误 ')
  else:
    print(' 恭喜你通过了身份验证 ')
```

读写二进制文件的运行结果如图 6-2 所示。

```
账户信息已经写入文件userdata.bin
请输入用户ID，输入-1可退出程序: guest
请输入密码，输入-1可退出程序:123
恭喜你通过了身份验证

请输入用户ID，输入-1可退出程序:
```

图 6-2　读写二进制文件的运行结果

任务评价

评价考核评分表

任务编号	6-3	任务名称	二进制文件的读写		
评价项目		分值	评价分数		
			自评	互评（组长评价）	教师评价
职业素养考核项目 40%	团队合作、人际沟通能力	10 分			
	责任意识、服从意识	10 分			
	学习态度主动，积极参加活动	10 分			
	回答问题	10 分			
专业能力考核项目 60%	书写程序规范、正确	20 分			
	掌握读二进制文件的方法	20 分			
	掌握写二进制文件的方法	20 分			
总分					
总分	自评（20%）+ 互评（20%）+ 师评（60%）	综合等级			

任务四　CSV 文件的读写

知识准备

1. CSV 文件的基本概念

CSV 指 Comma-Separated Values，即逗号分隔值。CSV 文件也是文本文件，其存储使用特定分隔符分隔的数据。分隔符可使用逗号、空格、制表符、其他字符或字符串。例如，下面的内容是一个典型的 CSV 文件内容。

```
用户 ID, 密码 , 级别
nick,@#@$#@,1
mary,!!@@##,2
```

2. CSV 文件读写方法

可用 Windows 记事本创建 CSV 文件，保存时使用 UTF-8 编码格式。使用 open() 函数打开文件时，应用“encoding='utf-8'”作为参数指定编码格式，以便 Python 程序正确读取其中的汉字。CSV 文件也可使用 Excel 打开、查看和编辑数据。CSV 文件通常由多个记录组成，第 1 行通常为记录的各个字段名称，第 2 行开始为记录数据。每条记录包含相同的字段，字段之间用分隔符分隔。可以使用 open() 函数打开 CSV 文件，按文本文件方式读写 CSV 数据。采用这种方式需要将读取的每行字符串转换成字段数据，写入时需要添加分隔符。Python 提供的 csv 模块提供了 CSV 文件读写功能。

csv 模块提供了两种读取器对象来读取 CSV 文件数据：常规读取器和字典读取器。

（1）使用常规读取器。csv 模块中的 reader() 函数用于创建常规读取器对象，其基本格式如下：

```
csvreader = csv.reader(csvfile, delimiter=' 分隔符 ')
```

其中：变量 csvreader 用于引用读取器对象；csvfile 是 open() 函数返回的文件对象；delimiter 参数指定 CSV 文件使用的数据分隔符，默认为逗号。

常规读取器对象是一个可迭代对象，每次迭代返回一个包含一行数据的列表，列表元素对应 CSV 记录的各个字段。

可用 for 循环或 next() 函数迭代常规读取器对象。例如：

```
import csv
csvfile=open(r'd:\user.csv',encoding='utf-8')
csvreader=csv.reader(csvfile)                    # 创建读取器对象
for row in csvreader:                            # 用循环迭代读取 CSV 文件
    print(row)                                   # 输出包含 CSV 文件数据行的列
```

（2）使用字典读取器。csv 模块中的 DictReader() 函数用于创建字典读取器对象，其基本格式如下：

```
csvreader = csv.DictReader(csvfile)
```

其中：变量 csvreader 用于引用读取器对象；csvfile 是 open() 函数返回的文件对象。

字典读取器对象是一个可迭代对象，每次迭代返回一个包含一行数据的排序字典对象（OrderedDict，即排好序的字典对象）。字典读取器对象默认将 CSV 文件的第 1 行作为字段名称，将字段名称作为字典中的“键”。CSV 文件中第 2 行开始的每行数据按顺序作为“键”映射的“值”。可用 for 循环或 next() 函数迭代字典读取器对象。例如：

```
import csv
csvfile=open(r'd:\user.csv',encoding='utf-8')
csvreader=csv.DictReader(csvfile)                # 创建读取器对象
for row in csvreader:                            # 用循环迭代读取 CSV 文件
    print(row)                                   # 输出包含 CSV 文件数据行的字典对象
```

任务实施

读写 CSV 文件，设计一个程序，将下面的矩阵存入一个 CSV 文件。

1 2 3 4 5

2 3 4 5 1

3 4 5 1 2

4 5 1 2 3

5 1 2 3 4

在 Python 环境中编写代码如下：

```
d=[[]]
for n in range(1,6):
    d[0].append(n)
for n in range(1,5):
    d.append([])
    for k in range(1,5):
        d[n].append(d[n-1][k])
    d[n].append(d[n-1][0])
print(' 矩阵 :')
for i in range(5):
    for j in range(5):
        print(d[i][j],end=' ')
    print()
#############
f=open(' 矩阵 .csv','w')
for i in range(5):
    for j in range(5):
        print(d[i][j],end=' ',file=f)
    print(file=f)
f.close()
```

结果如下：

```
矩阵 :
1 2 3 4 5
2 3 4 5 1
3 4 5 1 2
4 5 1 2 3
5 1 2 3 4
```

任务评价

评价考核评分表

任务编号	6-4	任务名称	CSV 文件的读写		
评价项目		分值	评价分数		
			自评	互评（组长评价）	教师评价
职业素养考核项目 40%	团队合作、人际沟通能力	10 分			
	责任意识、服从意识	10 分			
	学习态度主动，积极参加活动	10 分			
	回答问题	10 分			
专业能力考核项目 60%	书写程序规范、正确	20 分			
	掌握读 CSV 文件的方法	20 分			
	掌握写 CSV 文件的方法	20 分			
总分					
总分	自评（20%）+ 互评（20%）+ 师评（60%）	综合等级			

任务五　Excel 文件的读写

知识准备

Excel 的文件扩展名有两种：.xlsx 和 .xls。其中 .xls 是 Excel 2007 之前版本的使用的默认格式，.xlsx 是 Excel 2007 之后的版本使用的默认格式，包括 2007 的版本。两种格式的文件在 Python 中的处理方式不同。

1. 读取 .xls 文件

应用读取 Excel 文件的第三方库 xlrd。xlrd 库读取 .xls 文件分为以下几步：

（1）打开工作簿：

```
import xlrd
wb = xlrd.open_workbook("Excel.xls")
```

（2）获取指定的工作表 sheet：

```
# 获取所有工作表名称列表
sheet_names = wb.sheet_names()
# 通过索引获取工作表，索引从 0 开始
ws = wb.sheet_by_index(0)
# 也可以通过工作表名称获取工作表
ws = wb.sheet_by_name('Sheet1')
```

（3）读取行、读取列、读取单元格：

```
# 查看总行数
ws.nrows
>>>6
# 读取第一行的值
ws.row_values(0)
>>>['姓名','年龄','身高','体重','性别']
# 读取第二行第三列到第五列的数据
ws.row_values(1)
['张三', 25.0, 175.0, 70.0, '男']
ws.row_values(1, 2, 5)
[175.0, 70.0, '男']
# 读取所有行的数据
for i in range(ws.nrows):
    print(ws.row_values(i))

['姓名','年龄','身高','体重','性别']
['张三', 25.0, 175.0, 70.0, '男']
['李四', 40.0, 180.0, 73.0, '男']
['杨过', 18.0, 181.0, 75.0, '男']
['小龙女', 28.0, 165.0, 58.0, '女']
['东方不败', 38.0, 173.0, 65.0, '都可']
```

（4）读取单元格：

```
# 读取第一行第一列单元格的值
ws.cell_value(0,0)
'姓名'
# 读取第一行第三列单元格的值
ws.cell_value(0,2)
'身高'
```

注意：若读取 .xlsx 文件，请使用库 openpyxl，openpyxl 库支持 .xlsx 格式的文件，不支持 .xls 格式的文件。具体方法请读者自行查看库文档，在此不再赘述。

2. 写数据到 Excel 文件

向 Excel 文件中写数据包含以下 4 步：

（1）新建 Excel 工作簿：

```
import xlwt
wb = xlwt.Workbook()
print(wb)
<xlwt.Workbook.Workbook object at 0x0000018641351FA0>
```

（2）新建一个工作表：

```
new_ws = wb.add_sheet('成绩排名')
new_ws
```

```
<xlwt.Worksheet.Worksheet at 0x18640c4a490>
```

（3）将数据写入对应单元格：

```
# 要写入的数据
data = [{"name": " 小张 ", "grade": "88.5"},
{"name": " 小李 ", "grade": "77.6"},
{"name": " 小陈 ", "grade": "67.9"},
{"name": " 小赵 ", "grade": "99"} ]
title = [" 姓名 ", " 成绩 "]
# 将标题写入第一行
for i in range(len(title)):
    new_ws.write(0, i, title[i])
# 实际数据从第二行开始写
start_row_num = 1
for row in data:
    values = list(row.values())
    for i in range(len(values)):
        new_ws.write(start_row_num, i, values[i])
    start_row_num += 1
```

（4）保存文件：

```
# 保存为 .xlsx 格式文件
wb.save("c:/Excel.xls")
```

任务实施

读写 Excel 文件，设计一个程序，将如下用户数据存储在 D 盘文件 f1.xls 中。

用户姓名	用户性别	年龄
张先生	男	25
李女士	女	23

在 Python 环境中编写代码如下：

```
import xlwt
wb = xlwt.Workbook()
print(wb)
new_ws = wb.add_sheet(' 用户数据 ')
new_ws
# 要写入的数据
data = [{"name": " 张先生 ", "gender":" 男 ","age":"25"}, {"name": " 李女士 ","gender":" 女 ",
        "age":"23"}]
title = [" 姓名 ", " 性别 "," 年龄 "]
# 将标题写入第一行
for i in range(len(title)):
    new_ws.write(0, i, title[i])
```

```
# 实际数据从第二行开始写
start_row_num = 1
for row in data:
    values = list(row.values())
    for i in range(len(values)):
        new_ws.write(start_row_num, i, values[i])
    start_row_num += 1
wb.save("d:/f1.xls")
```

结果如图 6-3 所示。

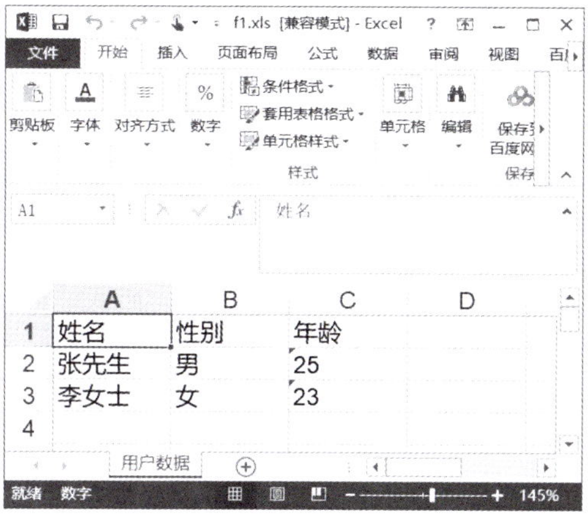

图 6-3 读写 Excel 文件的运行结果

任务评价

评价考核评分表

任务编号	6-5	任务名称	Excel 文件的读写		
评价项目		分值	评价分数		
			自评	互评（组长评价）	教师评价
职业素养考核项目 40%	团队合作、人际沟通能力	10 分			
	责任意识、服从意识	10 分			
	学习态度主动，积极参加活动	10 分			
	回答问题	10 分			
专业能力考核项目 60%	书写程序规范、正确	20 分			
	掌握读 Excel 文件的方法	20 分			
	掌握写 Excel 文件的方法	20 分			
总分					
总分	自评（20%）+ 互评（20%）+ 师评（60%）	综合等级			

项 目 小 结

本项目主要讲解文件访问方法，包括文本文件读写、二进制文件读写、CSV 文件读写和 Excel 文件读写。需要注意的是：文件使用完毕后要及时关闭，文件打开时的模式选择也很重要，不同的打开模式可以进行不同的文件操作。

思考与练习

一、单项选择题

1. 下列关于文件的说法错误的是（　　）。

A. 文件使用之前必须将其打开

B. 文件使用之后要将其关闭

C. 文本文件和二进制文件读写时使用文件对象的相同方法

D. 可以直接访问已经关闭的文件

2. 执行以下语句后，文件 txt 中的内容是（　　）。

```
fo = open("f1.txt",'w')
x=[' 大学 ',' ',' 道德经 ',' ',' 易经 ']
fo.write(''.join(x))
fo.close()
```

A. 大学道德经易经　　　　B. 大学，道德经，易经

C. ，，，　　　　D. 大学 道德经 易经

3. 下面关于 CSV 文件的说法不正确的是（　　）。

A. CSV 文件中的数据必须使用空格进行分隔

B. CSV 文件实际上也是一种文本文件

C. CSV 文件可以用 open() 函数打开

D. CSV 文件可以由多行组成，可以把它看作是二维数据

4. 下面程序的输出结果是（　　）。

```
file=open("f1.txt","w+")
data=('aaa','#','bbb','#','ccc')
file.writelines(data)
file.seek(0)
for row in file:
   print(row)
file.close()
```

A. aaabbbccc　　　　B. aaa bbb ccc

C. aaa,bbb,ccc　　　　D. aaa#bbb#ccc

二、多项选择题

1. 以下关于文件的描述，正确的是（　　）。

A. 文本文件是数据存储的一种表达形式

B. 文件可以被程序员打开，但是不能被程序员关闭

C. 在读取二进制文件时，可以使用 read() 函数

D. 读写 Excel 文件时，必须先关闭所有其他文件

2. 以下哪个语句可以按照“写”的方式打开文件（　　）。

A. f1=open("f1.txt","w")　　B. f1=open("f1.txt","a")

C. f1=open("f1.txt","w+")　　D. f1=open("f1.txt","r+")

三、实训题

1. 有如下数据，编写程序将这些数据存储在 d:\f1.txt 文件中，要求以 CSV 格式存储，分隔符采用逗号。

姓名	语文	数学	物理
小明	80	85	90
小梅	97	87	90
小雷	88	90	70

2. 在程序中创建一个元组、一个列表和一个字典，将它们写入文件并保存，并能够正确从文件读取这些对象。

项目七 数据库基本应用

知识目标

★ 掌握 SQLite 相关知识。
★ 熟悉基本数据库操作和 SQL 语言。
★ 熟悉 MongoDB 语法。

技能目标

★ 能应用 SQLite。
★ 能熟练使用 PyMySQL。
★ 能熟练运用 MongoDB。

素质目标

★ 培养数据安全、诚信合规的意识。
★ 培养精益求精的工匠精神。

任务一　SQLite 的应用

知识准备

Python 连接数据库时，有各种 SQL 数据库可供选择。Python 数据库 API 是一种连接到 SQL 数据库的标准化方式，可以使用 API 来执行一些基本的 SQL 操作。

另外，Python 连接数据库可以使用简单数据库 SQLite，但并不是只能使用它。还有多种流行的商业数据库使用，比如 Oracle 和 Microsoft SQL Server 等，还有可以使用一些广泛而可靠的开源数据库，比如 MySQL、PostgreSQL 和 Firebird 等。数据库也并非只有关系型（SQL）这一种，还有对象数据库，如 Zope Object Database；基于表格的紧凑数据库，如 Metakit；更简单的键一值数据库，如 UNIX DBM；还有日益流行的各种 NoSQL 数据库，如 MongoDB。这些数据库都可以使用 Python 来访问。

本书不提供关系型数据库和 SQL 语言教程，读者可以通过阅读相关数据库的文档，去学习关系型数据库的相关知识。

1. SQLite 概述

SQL 数据库引擎有很多，它们都有相应的 Python 模块，这些数据库引擎大多作为服务器程序运行。如果为了使用方便，可以选择一个小型数据库引擎 SQLite，它不需要作为独立的服务器运行，而且可以直接使用本地文件，而不需要集中式数据库存储机制。

SQLite 是内嵌在 Python 中的轻量级，基于磁盘文件的数据库管理系统，不需要服务器进程，支持使用 SQL 语句来访问数据库。该数据库使用 C 语言开发，支持大多数 SQL91 标准，支持原子的、一致的、独立的和持久的事物，不支持外键限制。通过数据库级的独占性和共享锁定来实现独立事物，当多个线程同时访问同一个数据库并试图写入数据时，每一时刻只有一个线程可以写入数据。

SQLite 每个数据库完全存储在单个磁盘文件中，一个数据库就是一个文件，通过简单复制可以实现数据库的备份，可以通过下载 SQLite Manager、SQLite DataBase Browser 等工具来实现可视化管理并使用。

访问和操作 SQLite 数据库时，需要首先导入 sqlite3 模块，然后就可以使用其中的功能来操作数据库了。使用该模块时，首先需要创建一个与数据库关联的 Connection 对象。例如：

```
import sqlite3
conn=sqlite3.connect('student.db')
```

成功创建 Connection 对象以后，再创建一个 Cursor 对象，可以从连接处获得游标。然后调用 Cursor 对象的 execute() 方法来执行 SQL 语句创建数据表以及查询，完成插入、修改或删除数据库中的数据等操作。例如：

```
curs=conn.cursor()
```

这个游标可以用来执行 SQL 查询，执行完查询后，如果修改了数据，务必提交所做的修改，这样才会将其保存到文件中。

```
conn.commit()
```

在每次修改数据库后都进行提交，而不是仅在要关闭连接前才这样做。要关闭连接，需要调用方法 close，如下所示：

```
conn.close()
```

2. Connection 对象

Connection 是 sqlite3 模块中最基本也是最重要的一个类，其主要方法如表 7-1 所示。

表 7-1　Connection 对象的主要方法

方法	说明
execute(sql[,parameters])	执行一条 SQL 语句
executemany(sql[,parameters])	使用不同参数执行多次 SQL 语句
cursor()	返回游标对象
commit()	提交当前事务，如果不提交，那么自上次调用 commit() 方法之后的所有修改都不会真正保存到数据库文件中
rollback()	撤消当前事务，将数据库恢复至上次调用 commit() 方法后的状态
close()	关闭数据库连接
create_function(name,num_params,func)	创建可在 SQL 语句中调用的函数，其中 name 为函数名，num_params 表示该函数可以接收的参数个数，func 表示 Python 可调用对象

Connection 对象的函数示例如下：

```
import sqlite3
import hashlib

def ssum(t):
    return hashlib.md5(t).hexdigest()

con=sqlite3.connect(':memory:')
con.create_function('md5',1,ssum)
cur=con.cursor()
cur.execute('SELECT md5(?)',(b'foo',))
print(cur.fetchone()[0])
```

3. Cursor 对象

Cursor 也是 sqlite3 模块中比较重要的一个对象。

为了在数据库上执行操作，首先必须创建一个连接 c，然后调用 c.cursor() 方法创建 Cursor 对象，Cursor 的实例 cur 有一些用于执行查询的标准方法和属性：

cur.callproc(procname[,parameters])

调用一个名为 procname 的存储过程，parameters 是一个序列的值，用作该过程的参数。函数的返回结果也是一个序列，项数与 parameters 相同。它本来是 parameters 的副本，函数执行后，每一个输出参数的值都被修改值替换。如果该过程还生成一组输出，可以使用 fetch*() 方法来读取。

cur.close()

关闭指针，防止再对其进行任何操作。

cur.execute(query[,parameters])

在数据库上执行查询或 query 命令，query 是一个包含命令的字符串，parameters 是一个序列或映射，用于为查询字符串中的变量赋值。

cur.fetchone()

返回由 execute() 或 executemany() 生成的下一行结果集。这一结果通常是列表或元组，包含结果中的不同列的值。如果没有更多的行，返回 None。如果没有未处理完的结果或者如果以前执行的操作没有生成结果集，就会提示异常。

cur.fetchmany([size])

返回结果行的序列，size 是要返回的行数。如果省略，cur.arraysize 的值就会作为默认值使用。实际返回的行数可能比请求的少。如果没有更多的行，就会返回空的序列。

cur.fetchall()

返回全部剩余结果行的序列。

cur.nextser()

放弃当前结果集中的所有剩余行，跳至下一个结果集。如果没有更多的结果集，返回 None，否则返回 True，接着通过 fetch*() 操作从新集合中返回数据。

cur.setinputsize(sizes)

给指针一个提示，说明要在接下来的 execute*() 方法中传递的参数。sizes 是一个简短描述类型对象的序列或者是代表每一参数预期最高字符串长度的整数序列。在内部，这用于预定义内存缓冲区，来创建发送至数据库的查询和命令。使用这个方法能够加速 execute*() 操作。

cur.setoutputsize(size[,column])

为特定的列设定缓冲区容量，column 是结果行的整数索引，而 size 是字节的数目。如果 column 省略，则为结果中的所有列设定的上限。

cur.arraysize

为 fetchmany() 操作提供默认的一个整数值。该值因数据库模块的不同而有所不同，可将其初始值设置为在本模块中“最佳”的值。

cur.description

提供当前结果集中的每一列的信息的一个元组序列。

cur.rowcount

表示由一种 execute*() 方法生成的最后结果中的行数。如果设置为 -1，意味着既没有结果集，行数也不能确定。

任务实施

将数据导入数据库，新建一个数据库 student.db，将数据导入到数据库。在 Python 中输入以下代码：

```
import sqlite3
def convert(value):
    if value.startswith('-'):
        return value.strip('-')
    if not value:
        value='0'
    return float(value)
conn=sqlite3.connect('f:\data\student.db')
curs=conn.cursor()
curs.execute('''
create table stuinfo(
id text primary key,
name text,
sex text,
age int
)
''')
query='insert into stuinfo values(?,?,?,?)'
field_count=4
for line in open('f:\data\stu.txt'):
    fields=line.split('^')
    vals=[convert(f) for f in fields[:field_count]]
    curs.execute(query,vals)

conn.commit()
conn.close
```

任务评价

评价考核评分表

<table>
<tr><td>任务编号</td><td>7-1</td><td>任务名称</td><td colspan="3">SQLite 的应用</td></tr>
<tr><td colspan="2" rowspan="2">评价项目</td><td rowspan="2">分值</td><td colspan="3">评价分数</td></tr>
<tr><td>自评</td><td>互评（组长评价）</td><td>教师评价</td></tr>
<tr><td rowspan="4">职业素养考核项目40%</td><td>团队合作、人际沟通能力</td><td>10 分</td><td></td><td></td><td></td></tr>
<tr><td>责任意识、服从意识</td><td>10 分</td><td></td><td></td><td></td></tr>
<tr><td>学习态度主动，积极参加活动</td><td>10 分</td><td></td><td></td><td></td></tr>
<tr><td>回答问题</td><td>10 分</td><td></td><td></td><td></td></tr>
<tr><td rowspan="4">专业能力考核项目60%</td><td>书写程序规范、正确</td><td>10 分</td><td></td><td></td><td></td></tr>
<tr><td>掌握 SQLite 的相关操作</td><td>10 分</td><td></td><td></td><td></td></tr>
<tr><td>熟练应用 Connection 对象</td><td>20 分</td><td></td><td></td><td></td></tr>
<tr><td>熟练应用 Cursor 对象</td><td>20 分</td><td></td><td></td><td></td></tr>
<tr><td colspan="3">总分</td><td></td><td></td><td></td></tr>
<tr><td>总分</td><td>自评（20%）+ 互评（20%）+ 师评（60%）</td><td>综合等级</td><td></td><td></td><td></td></tr>
</table>

任务二　pymysql 的应用

知识准备

SQL 又称为结构化查询语言，是一种数据库查询和程序设计语言，用于存取数据以及查询、更新和管理关系数据库系统。

pymysql.connect() 参数说明如下：

- host(str)：MySQL 服务器地址。
- port(int)：MySQL 服务器端口号。
- user(str)：用户名。
- passwd(str)：密码。
- db(str)：数据库名称。
- charset(str)：连接编码。

连接代码如下：

```
pip install pymysql
```

```
import pymysql
db=pymysql.Connect(
  host="localhost",
  user="root",
  password="123456",
  db="mysql",
  charset="utf8"
)
```

任务实施

操作 MySQL 数据库，利用 pymysql 操作 MySQL 数据库，注意使用 pip install pymysql 安装并导入后，可以使用 pymysql 扩展库操作 MySQL 数据库。在 Python 中输入以下代码：

```
import pymysql

conn = pymysql.connect(host='localhost',
                       user='root',
                       password='123456',
                       database='mysql',
                       charset='UTF8MB4')
cursor = conn.cursor()

def doSQL(sql):
  cursor.execute(sql)
  conn.commit()

# 删除数据库
doSQL('DROP DATABASE IF EXISTS wentiku;')

# 创建数据库
doSQL('CREATE DATABASE IF NOT EXISTS wentiku;')

# 删除数据表
doSQL('DROP TABLE IF EXISTS wenti')
# 创建数据表
sql = '''
CREATE TABLE IF NOT EXISTS wenti(
id INT auto_increment PRIMARY KEY,
wentix CHAR(200) NOT NULL UNIQUE,
huifu CHAR(50) NOT NULL
```

```
) ENGINE=innodb DEFAULT CHARSET=UTF8MB4;
'''
doSQL(sql)

# 删除所有数据
doSQL('DELETE FROM wenti;')

# 插入数据
for i in range(10):
    sql = 'INSERT INTO wenti(wentix,huifu) VALUES(" 问题 {0}"," 回复 {0}");'.format(i)
    cursor.execute(sql)
conn.commit()

# 修改数据
doSQL('UPDATE wenti set huifu=" 被修改了 " WHERE wentix=" 问题 2";')

# 删除指定的数据
doSQL('DELETE FROM wenti WHERE huifu=" 回复 5";')

# 查询并输出数据
sql = 'SELECT * FROM wenti'
cursor.execute(sql)
for row in cursor.fetchall():
    print(row)

# 关闭游标和连接
cursor.close()
conn.close()
```

结果如下：

```
(1, ' 问题 0', ' 回复 0')
(2, ' 问题 1', ' 回复 1')
(3, ' 问题 2', ' 被修改了 ')
(4, ' 问题 3', ' 回复 3')
(5, ' 问题 4', ' 回复 4')
(7, ' 问题 6', ' 回复 6')
(8, ' 问题 7', ' 回复 7')
(9, ' 问题 8', ' 回复 8')
(10, ' 问题 9', ' 回复 9')
```

任务评价

评价考核评分表

任务编号	7-2	任务名称	pymysql 的应用		
评价项目		分值	评价分数		
			自评	互评（组长评价）	教师评价
职业素养考核项目 40%	团队合作、人际沟通能力	10 分			
	责任意识、服从意识	10 分			
	学习态度主动，积极参加活动	10 分			
	回答问题	10 分			
专业能力考核项目 60%	书写程序规范、正确	10 分			
	熟悉引入 pymysql 库的方法	5 分			
	掌握创建数据库的方法	10 分			
	掌握删除数据库的方法	10 分			
	掌握创建数据表的方法	10 分			
	掌握删除数据表的方法	5 分			
	掌握增删改查数据的方法	10 分			
总分					
总分	自评（20%）+ 互评（20%）+ 师评（60%）	综合等级			

任务三　MongoDB 的应用

知识准备

MongoDB 是一个基于分布式文件存储的文档数据库，可以说是非关系型（NoSQL，Not Only SQL）数据库中比较像关系型数据库的一个，具有免费、操作简单、面向文档存储、自动分片、可扩展性强、查询功能强大等特点，对大数据处理支持较好，旨在为 Web 应用提供可扩展的高性能数据存储解决方案。

MongoDB 将数据存储为一个文档，数据结构由键值（key=>value）对组成。MongoDB 文档类似于 JSON 对象。字段值可以包含其他文档、数组及文档数组。

MongoDB 数据库可以到网站 https://www.mongodb.org/downloads 下载，安装之后打开命令提示符环境并切换到 MongoDB 安装目录中的 server\3.2\bin 文件夹，然后执行命令 mongod --dbpath D:\data --journal --storageEngine=mmapv1 启动 MongoDB，当然需要首先在 D: 盘根目录下新建文件夹 data。

让刚才那个命令提示符环境始终处于运行状态，然后再打开一个命令提示符环境，执行 mongo 命令连接 MongoDB 数据库，如果连接成功，会显示一个符号“>”作为提示符，之后就可以输入 MongoDB 命令了。

加载库的命令如下所示：

```
import pymongo
```

在已经完成本地 MongoDB 服务器的安装和启动的前提下，可以完成以下操作：

```
# 打开或创建数据库 students
use students
# 在数据库中插入数据
zhangsan = {'name':'Zhangsan', 'age':18, 'sex':'male'}
db.students.insert(zhangsan)
lisi = {'name':'Lisi', 'age':19, 'sex':'male'}
db.students.insert(lisi)
# 查询数据库中的记录
db.students.find()
```

任务实施

完成 MongoDB 数据库的增删改查。在 Python 中输入以下代码：

```
import pymongo                                    # 导入模块

client = pymongo.MongoClient('localhost', 27017)  # 连接数据库，27017 是默认端口
db = client.students                              # 获取数据库

students = db.students                            # 获取数据集合
students.find()

for item in students.find():                      # 遍历数据
    print(item)

wangwu = {'name':'Wangwu', 'age':20, 'sex':'male'}
students.insert(wangwu)

for item in students.find({'name':'Wangwu'}):     # 指定查询条件
    print(item)

students.find_one()
students.find_one({'name':'Wangwu'})
students.find().count()
students.remove({'name':'Wangwu'})                # 删除一条记录

for item in students.find():
```

```
    print(item)

students.find().count()

tudents.create_index([('name', pymongo.ASCENDING)])          # 创建索引

students.update({'name':'Zhangsan'},{'$set':{'age':25}})     # 更新数据库

students.update({'age':25},{'$set':{'sex':'Female'}})        # 更新数据库

students.remove()                                             # 清空数据库
Zhangsan = {'name':'Zhangsan', 'age':20, 'sex':'Male'}
Lisi = {'name':'Lisi', 'age':21, 'sex':'Male'}
Wangwu = {'name':'Wangwu', 'age':22, 'sex':'Female'}
students.insert_many([Zhangsan, Lisi, Wangwu])                # 插入多条数据

for item in students.find().sort('name',pymongo.ASCENDING):# 对查询结果排序
    print(item)

for item in students.find().sort([('sex',pymongo.DESCENDING), ('name',pymongo.ASCENDING)]):
    print(item)
```

任务评价

评价考核评分表

任务编号	7-3	任务名称	MongoDB 的应用		
评价项目		分值	评价分数		
			自评	互评（组长评价）	教师评价
职业素养考核项目 40%	团队合作、人际沟通能力	10 分			
	责任意识、服从意识	10 分			
	学习态度主动，积极参加活动	10 分			
	回答问题	10 分			
专业能力考核项目 60%	书写程序规范、正确	20 分			
	掌握 MongoDB 的应用	10 分			
	熟练进行增、删、改、查	30 分			
总分					
总分	自评（20%）+ 互评（20%）+ 师评（60%）	综合等级			

项 目 小 结

SQLite 是内嵌在 Python 中的轻量级、基于磁盘文件的数据库管理系统，不需要服务器进程，支持使用 SQL 语句来访问数据库。访问和操作 SQLite 数据库时，需要首先导入 sqlite3 模块。也可以使用 pymysql 模块来操作 MySQL 数据库，Python 还支持 MongoDB 数据库操作。

思考与练习

一、单项选择题

1．pymysql 中 host(str) 代表（　　）。

A．服务器地址　　B．服务器端口号

C．用户名　　D．数据库名称

2．pymysql 中 cursor 对象支持方法有误的是（　　）。

A．executge()：执行数据库命令

B．fetchone()：获取下一行数据，第一次为首行

C．fetchall()：获取前 5 行数据源

D．fetchmany()：获取指定行数据

3．下列关于 pymysql 的描述有误的是（　　）。

A．pymysql 是 Python 中操作 MySQL 的原生模块，其使用方法和 MySQL 的 SQL 语句几乎相同

B．pymysql 创建连接后，都由游标来进行与数据库的操作

C．游标位置是不可控的

D．从 pymysql 中获取的数据类型默认是字典

二、实训题

1．设计一个学生通讯录，可以添加、删除、修改里面的信息。

2．设计一个图书信息管理数据库，可以完成增、删、改、查的功能。

项目八
面向对象的程序设计

知识目标

★ 掌握面向对象的相关知识。
★ 熟悉类的相关知识。
★ 熟悉方法的调用。

技能目标

★ 能熟练应用类和对象。
★ 能熟练运用继承。

素质目标

★ 培养工匠精神和创新精神。
★ 能熟练解决程序中遇到的问题。

任务一　认识面向对象

知识准备

面向对象程序设计（Object Oriented Programming，OOP）主要针对大型软件设计而提出，使得软件设计更加灵活，能够很好地支持代码复用和设计复用，并且使得代码具有更好的可读性和可扩展性。

面向对象程序设计的一条基本原则是计算机程序由多个能够起到子程序作用的单元或对象组合而成，大大地降低了软件开发的难度。

面向对象程序设计的一个关键性观念是将数据以及对数据的操作封装在一起，组成一个相互依存、不可分割的整体，即对象。对于相同类型的对象进行分类、抽象后，得出共同的特征而形成了类，面向对象程序设计的关键就是如何合理地定义和组织这些类以及类之间的关系。

Python 完全采用了面向对象程序设计的思想，是真正面向对象的高级动态编程语言，完全支持面向对象的基本功能，如封装、继承、多态以及对基类方法的覆盖或重写。

Python 中对象的概念很广泛，大部分内容都可以称为对象，除了数字、字符串、列表、元组、字典、集合、range 对象、zip 对象等，函数也是对象，类也是对象。

创建类时用变量形式表示的对象属性称为数据成员，用函数形式表示的对象行为称为成员方法，成员属性和成员方法统称为类的成员。

面向对象程序设计的基本概念如下：

（1）对象：面向对象程序设计思想可以将一组数据和与这组数据有关操作组装在一起，形成一个实体，这个实体就是对象。

（2）类：描述对象的属性和方法的集合称为类，它定义了同一类对象所共有的属性和方法。对象是类的实例，也称实例对象。

（3）方法：类中定义的函数，用于描述对象的行为，也称方法成员。

（4）属性：类中在所有方法之外定义的变量（也称类中的顶层变量），用于描述对象的特点，也称数据成员。

（5）封装：类具有封装特性，其内部实现不应被外界知晓，只需要提供必要的接口供外部访问即可。

（6）实例化：创建一个类的实例对象。

（7）继承：从一个基类（也称父类或超类）派生出一个子类时，子类拥有基类的属性和方法，称为继承。子类可以定义自己的属性和方法。

（8）重载：在子类中定义和父类方法同名的方法，称为子类对父类方法的重载，也称方法重写。

（9）多态：指不同类型对象的相同行为产生不同的结果。

和其他面向对象的程序设计语言相比，Python 的面向对象机制更为简单。

任务实施

Python 使用 class 关键字来定义类，class 关键字之后是一个空格，然后是类的名称，接着是一个冒号，最后换行并定义类的内部实现。在 Python 中输入以下代码：

```
class Car:
    def infor(self):
    print(" This is a car ")
```

任务评价

评价考核评分表

任务编号	8-1		任务名称	认识面向对象		
评价项目			分值	评价分数		
				自评	互评（组长评价）	教师评价
职业素养考核项目 40%	团队合作、人际沟通能力		10 分			
	责任意识、服从意识		10 分			
	学习态度主动，积极参加活动		10 分			
	回答问题		10 分			
专业能力考核项目 60%	书写程序规范、正确		10 分			
	能理解面向对象		10 分			
	能掌握类的方法		20 分			
	能理解对象		20 分			
总分						
总分	自评（20%）+ 互评（20%）+ 师评（60%）		综合等级			

任务二　类

知识准备

在 Python 中，类表示具有相同属性和方法的对象的集合。在使用类时，需要先定义类，然后再创建类的实例，通过类的实例就可以访问类中的属性和方法了。

1. 定义类

在 Python 中，类的定义与函数声明很相似，第一行用一个相应的关键字，接下来是一个作为它的定义的代码体，如下所示：

```
class ClassName(object):
    'class documentation string' # 类文档字符串
class_suite # 类体
```

参数说明：

- ClassName：用于指定类名，一般使用大写字母开头，如果类名中包括个词，第二个单词的首字母也要大写，这种命名方法也称为“驼峰式命名法”，这是惯例。当然，也可以根据自己的习惯命名，但是一般推荐按照惯例来命名。
- 类文档字符串：用于指定类的文档字符串。定义该字符串后，在创建类的对象时，输入类名和左侧的括号“（ ”后，将显示信息。
- class_suite：类体，主要由类变量（或类成员）、方法和属性等定义语句组成。如果在定义类时，没有想好类的具体功能，也可以在类体中直接使用 Pass 语句代替。

2. 创建类的实例

类定义完成后，并不会真正创建一个实例。这就好比一个汽车的设计图，设计图可以告诉你汽车看上去怎么样，但设计图本身不是一个汽车，你不能开走它，但可以使用它制造很多汽车。那么如何创建实例呢？

class 语句本身并不创建该类的任何实例。所以在类定义完成以后，可以创建类的实例，即实例化该类的对象。创建类的实例的语法如下：

```
ClassName(parameterlist)
```

参数说明：

- ClassName：是必选参数，用于指定类。
- parameterlist：可选参数，当创建一个类时，没有创建 __init__() 方法，或者当 __init__() 方法只有一个 self 参数时，parameterlist 可以省略。

例如，创建汽车类 Car 的实例，可以使用下面代码：

```
class Car:
    """ 汽车类 """
    pass
# 创建实例
car1=Car()
print(car1)
```

执行上面代码后，将显示类似下面的内容：

```
<__main__.Car object at 0x0000000004EE8E20>
```

从上面的执行结果中可以看出，car1 是 Car 类的实例。

3. __init__() 方法

在创建类后，类通常会自动创建一个 __init__() 方法。该方法是一个特殊的方法，类似 Java 语言中的构造方法。每当创建一个类的新实例时，Python 都会自动执行它。__init__() 方法必须包含一个参数，并且必须是第一参数。self 参数是一个指向实例本身的引用，用于访问类中的属性和方法。

在方法调用时会自动传递实际参数 self。因此，当 __init__() 方法只有一个参数，在创建类的实例时，就不需要指定参数了。

例如，下面仍然以汽车类 Car 为例，并创建 __init__() 方法，代码如下：

```
class Car:
    """ 汽车类 """
    def __init__(self):
        print(" 我是汽车类 ")
car1=Car()
```

运行以上代码，将输出以下内容：

```
我是汽车类
```

注意：常见错误在于为类创建 __init__() 方法时，在开发环境中运行下面的代码：

```
class Car:
    """ 汽车类 """
    def __init__():
        print(" 我是汽车类 ")
car1=Car()
```

运行上述代码，将抛出以下异常：

```
TypeError                                 Traceback (most recent call last)
<ipython-input-6-cebd21def2d2> in <module>
      5         print("我是汽车类")
      6
----> 7 car1=Car()

TypeError: __init__() takes 0 positional arguments but 1 was given
```

在 __init__() 方法中，除了 self 参数外，还可以自定义一些参数，参数间使用逗号“,”进行分隔。例如，下面的代码将在创建 __init__() 方法时指定 3 个参数，分别是 color、appearance 和 cartype：

```
class Car:
    """ 汽车类 """

    def __init__(self,color,appearance,cartype):
        print(" 我是汽车类！我有以下特征 :")
        print(color)
        print(appearance)
        print(cartype)
```

```
color_1=" 红色 "
appearance_1=" 面包车 "
cartype_1=" 燃油车 "
car1=Car(color_1,appearance_1,cartype_1)
```

运行上面代码，将显示以下结果：

```
我是汽车类！我有以下特征：
红色
面包车
燃油车
```

4. 创建类的成员并访问

类的成员主要由实例方法和数据成员组成。在类中创建了类的成员后，可以通过类的实例进行访问。

（1）创建实例方法并访问。所谓实例方法是指在类中定义函数。该函数是一种在类的实例上操作的函数。同 __init__() 方法一样，实例方法的第一参数必须是 self，并且必须包含一个 self 参数。创建实例的方法的语法格式如下：

```
def functionName(self,parameterlist):
  block
```

参数说明：

- functionName：用于指定方法名，一般使用小写字母开头。
- self：必要参数，表示类的实例，其名称可以是 self 以外的单词，使用 self 只是一个习惯而已。
- parameterlist：用于指定除 self 参数以外的参数，各参数间使用逗号“,”进行分隔。
- block：方法体，实现的具体功能。

实例创建完成后，可以通过类的实例名称和点（.）操作符进行访问。具体的语法格式如下：

```
instanceName.functionName(parametervalue)
```

参数说明：

- instanceName：类的实例名称。
- functionName：要调用的方法名称。
- parametervalue：为方法指定对应的实际参数，其值的个数与创建实例方法中 parameterlist 的个数相同。

（2）创建数据成员并访问。数据成员是指类中定义的变量，即属性，根据定义位置，又可以分为类属性和实例属性。

1）类属性。类属性是指定义在类中且在函数体外的属性。类属性可以在类的所有实例之间共享值，也就是在所有实例化的对象中公用。

例如，定义一个汽车类，在该类中定义 3 个属性，用于记录汽车的特征，代码如下：

```
class Car:
    """ 汽车类 """
    color_1=" 红色，比较浅 "
    appearance_1=" 面包车，小型 "
    cartype_1=" 燃油车，汽油 "

    def __init__(self):
        print(" 我是汽车类！我有以下特征 :")
        print(Car.color_1)
        print(Car.appearance_1)
        print(Car.cartype_1)
```

创建上面的类 Car，然后创建类的实例，代码如下：

```
car1=Car()
```

运行上面代码创建 Car 类的实例后，将显示以下内容：

```
我是汽车类！我有以下特征：
红色，比较浅
面包车，小型
燃油车，汽油
```

2）实例属性。实例属性是指定义在类的方法中的属性，只作用于当前实例中。

例如，定义一个汽车类 Car，在该类的 __init__() 方法中定义 3 个实例属性，用于记录汽车类的特征，代码如下：

```
class Car:
    """ 汽车类 """
    def __init__(self):
        self.color_1=" 红色，比较浅 "
        self.appearance_1=" 面包车，小型 "
        self.cartype_1=" 燃油车，汽油 "
        print(" 我是汽车类！我有以下特征 :")
        print(self.color_1)
        print(self.appearance_1)
        print(self.cartype_1)
```

创建上面的类 Car，然后创建类的实例，代码如下：

```
car1=Car()    # 实例化一个对象
```

运行上面代码创建 Car 类的实例后，将显示以下内容：

```
我是汽车类！我有以下特征：
红色，比较浅
面包车，小型
燃油车，汽油
```

实例属性只能通过实例名访问。如果通过类名访问实例属性，将抛出异常。

对于实例的属性也可以通过实例名称修改，与类不同，通过实例名称修改实例属性后，并不能影响该类的其他实例中相应的实例属性值。例如，定义一个汽车类，并在 __init__() 方法中定义一个实例属性，然后创建两个 Car 类的实例，且修改一个实例属性，最后分别输出实例属性，代码如下：

```
class Car:
    """ 汽车类 """
    def __init__(self):
        self.color_1=" 红色 , 比较浅 "
        print(self.color_1)

car1=Car()
car2=Car()
car1.color_1=" 红色 , 特别浅 "
print("car1 的 color_1 属性 :",car1.color_1)
print("car2 的 color_1 属性 :",car2.color_1)
```

运行上面代码，将显示以下内容：

```
红色 , 比较浅
红色 , 比较浅
car1 的 color_1 属性 : 红色 , 特别浅
car2 的 color_1 属性 : 红色 , 比较浅
```

任务实施

在 User 类中，添加一个名为 login_attempts 的属性，输出登录次数。在 Python 中输入以下代码：

```
class User():
    def __init__(self,first_name,last_name,sex,age):
        self.first_name = first_name
        self.last_name = last_name
        self.sex = sex
        self.age = age
        self.login_attempts = 0
    def increment_login_attempts(self):
        self.login_attempts += 1
        print(" 登录次数为 :" + str(self.login_attempts))
    def reset_login_attempts(self):
        self.login_attempts = 0
        print(" 登录次数为 :" + str(self.login_attempts))

user1 = User(" 颖 "," 杨 "," 女 ",20)
user1.increment_login_attempts()
user1.increment_login_attempts()
```

```
user1.increment_login_attempts()
user1.increment_login_attempts()
user1.increment_login_attempts()
user1.reset_login_attempts()
```

结果如下：

```
登录次数为 :1
登录次数为 :2
登录次数为 :3
登录次数为 :4
登录次数为 :5
登录次数为 :0
```

任务评价

评价考核评分表

任务编号	8-2	任务名称	类		
评价项目		分值	评价分数		
			自评	互评（组长评价）	教师评价
职业素养考核项目 40%	团队合作、人际沟通能力	10 分			
	责任意识、服从意识	10 分			
	学习态度主动，积极参加活动	10 分			
	回答问题	10 分			
专业能力考核项目 60%	书写程序规范、正确	10 分			
	掌握类的创建	10 分			
	熟悉创建类的实例	10 分			
	熟练使用 __init__() 方法	10 分			
	能创建类的成员并访问	20 分			
总分					
总分	自评（20%）+ 互评（20%）+ 师评（60%）	综合等级			

任务三　类　方　法

知识准备

类方法是类所拥有的方法，需要用修饰器“@classmethod”来标识其为类方法。对于类方法，第一个参数必须是类对象，一般以 cls 作为第一个参数，能够通过对象名调用类方法，也可以通过类名调用类方法。

在 Python 中输入以下代码：

```
# 定义类
class Car:
    cartype='燃油车'              # 定义类成员并赋值
    # 类方法，用 classmethod 来修饰
    @classmethod
    def getCar(cls):
        return cls.cartype        # 返回类成员的值
car1=Car()                        # 创建对象
print(car1.getCar())              # 通过实例名调用
print(Car.getCar())               # 通过类名调用
```

运行结果如下：

```
燃油车
燃油车
```

任务实施

用 People 类调用类方法。在 Python 中输入以下代码：

```
class People:
    def __init__(self,name):
        self.name=name

    def sex(self):
        print('{} 在上学'.format(self.name))

    def age(self):
        print('20')
        self.sex()

    @classmethod
    def test(cls):
        print(cls)

p=People('杨颖')
p.sex()
p.test()
```

运行结果如下：

```
杨颖在上学
<class '__main__.People'>
```

任务评价

评价考核评分表

任务编号	8-3		任务名称	类方法		
评价项目			分值	评价分数		
				自评	互评（组长评价）	教师评价
职业素养考核项目 40%	团队合作、人际沟通能力		10 分			
	责任意识、服从意识		10 分			
	学习态度主动，积极参加活动		10 分			
	回答问题		10 分			
专业能力考核项目 60%	书写程序规范、正确		20 分			
	掌握类方法的应用		20 分			
	掌握调用类方法		20 分			
总分						
总分	自评（20%）+ 互评（20%）+ 师评（60%）		综合等级			

任务四　继承和多态

知识准备

1. 继承

继承是用来实现代码复用和设计复用的机制，是面向对象程序设计的重要特性之一。设计一个新类时，如果可以继承一个已有的设计良好的类然后进行二次开发，无疑会大幅度减少开发工作量。

在继承关系中，已有的、设计好的类称为父类或基类，新设计的类称为子类或派生类。派生类可以继承父类的公有成员，但是不能继承其私有成员。如果需要在派生类中调用基类的方法，可以使用内置函数 super() 或者通过“基类名 . 方法名 ()”的方式来实现这一目的。

Python 支持多继承，如果父类中有相同的方法名，而在子类中使用时没有指定父类名，则 Python 解释器将从左向右按顺序进行搜索。

在 Python 中所有的类都默认继承 object 类，因此 object 类也被称为基类 , 其他的类称为派生类，在 Python 中继承就是子类可以继承父类中的所有的非私有方法。私有方法是指在 Python 的面向对象开发过程中，对象的某些方法或者函数只想在对象的内部被使用，而不想被外部访问。

子类可以继承父类（基类）的属性和非私有方法。子类中定义和父类中同名的方法或属性，父类的方法或属性将被覆盖。

继承的例子如下所示：

```
# 一个简单的继承例子
class Person:
    def __init__(self,name,sex='男',age=22):
        self.name=name
        self.sex=sex
        self.age=age
        print('创建了一个姓名是 %s 的用户 ' % self.name)
    def say(self):
        print('姓名是 %s' % (self.name))
class Teacher(Person):
    def teach(self, lesson):
        print("%s 教授 %s" % (self.name,lesson))
class Student(Person):
    def study(self, lesson):
        print("%s 学习 %s" % (self.name,lesson))

# 类的实例化
p=Person('王丽','女',29)
p.say()
t=Teacher('赵峰','男',30)
t.say()
t.teach('数学')
s=Student('刘芸','女',19)
s.say()
s.study('数学')
```

以上代码的说明如下：

（1）定义了三个类：Person 类、Teacher 类、Student 类。其中，Person 类是基类，Teacher 和 Student 继承了 Person 类，是其派生类，派生的语法分别是 class Teacher(Person) 和 class Student(Person)。

（2）Person 类拥有三个对象属性：name、sex、age，一个初始化方法 __int__()，一个普通对象方法 say()；Teacher 类中只定义了一个对象方法 teach()；Student 类只定义了一个对象方法 study()。

（3）由于 Teacher 和 Student 是 Person 的派生类，所以可以重用 Person 的三个属性和两个方法。在用“t=Teacher('赵峰','男',30)”语句创建 Teacher 对象 t 的时候，也需要传入三个参数，自动调用基类 Person 的 __init__() 方法，创建 Student 对象同理。

（4）创建的 Teacher 对象 t 可以访问 teach() 方法和基类中的 say() 方法，也可以访问基类中的 name、sex、age 属性。

2. 多态

所谓多态是指基类的同一个方法，在不同派生类对象中具有不同的表现和行为。

派生类继承了基类行为和属性之后，还会增加某些特定的行为和属性，同时还可能会对继承来的某些行为进行一定的改变，这都是多态的表现形式。

Python 大多数运算符可以作用于多种不同类型的操作数，并且对于不同类型的操作数往往有不同的表现，这本身就是多态，是通过特殊方法与运算符重载实现的。

任务实施

子任务 1　继承的应用

在派生类中调用基类，在 Python 中输入以下代码：

```
# 类的继承
class Person(object):
    def __init__(self, name = '', age = 20, sex = ' 女 '):
        self.setName(name)
        self.setAge(age)
        self.setSex(sex)

    def setName(self, name):
        assert isinstance(name, str), 'name 应该是字符型数据。'
        self.__name = name

    def setAge(self, age):
        assert isinstance(age, int), 'age 应该是大于零的整数。'
        self.__age = age

    def setSex(self, sex):
        assert sex in (' 男 ', ' 女 '), 'sex 应该是 " 男 " or " 女 "'
        self.__sex = sex

    def show(self):
        print('Name:', self.__name)
        print('Age:', self.__age)
        print('Sex:', self.__sex)

class Student(Person):
    def __init__(self, name='', age = 30, sex = ' 女 ', national = ' 汉族 '):
        super(Student, self).__init__(name, age, sex)
        self.setNational(national)

    def setNational(self, national):
        assert isinstance(national, str), 'national 应该是字符型数据 '
        self.__national = national

    def show(self):
```

```
        super(Student, self).show()
        print('National:', self.__national)

if __name__ =='__main__':
    print('='*30)
    yangying = Person(' 杨颖 ', 20, ' 女 ')
    yangying.show()

    print('='*30)
    wangpeng = Student(' 王鹏 ',29, ' 男 ', ' 满族 ')
    wangpeng.show()
    print('='*30)
    wangpeng.setAge(39)
wangpeng.show()
```

运行结果如下：

```
==============================
Name: 杨颖
Age: 20
Sex: 女
==============================
Name: 王鹏
Age: 29
Sex: 男
National: 满族
==============================
Name: 王鹏
Age: 39
Sex: 男
National: 满族
```

子任务 2　多态的应用

让具有不同功能的函数可以使用相同的函数名，这样就可以用一个函数名调用不同内容的函数。

在 Python 中输入以下代码：

```
class Animal(object):
    def eat(self):
        print('Animal is eating')

class Dog(Animal):
    def eat(self):
        print('Dog is eating')

class Cat(Animal):
```

```
    def eat(self):
        print('Cat is eating')

def eat_two_times(animal):
    animal.eat()
    animal.eat()

eat_two_times(Animal())

eat_two_times(Dog())

class Bird(Animal):
    def eat(self):
        print('Bird is flying')

eat_two_times(Bird())
```

运行结果如下：

```
Animal is eating
Animal is eating
Dog is eating
Dog is eating
Bird is flying
Bird is flying
```

任务评价

评价考核评分表

<table>
<tr><td>任务编号</td><td>8-4</td><td>任务名称</td><td colspan="3">继承和多态</td></tr>
<tr><td colspan="2" rowspan="2">评价项目</td><td rowspan="2">分值</td><td colspan="3">评价分数</td></tr>
<tr><td>自评</td><td>互评（组长评价）</td><td>教师评价</td></tr>
<tr><td rowspan="4">职业素养考核项目 40%</td><td>团队合作、人际沟通能力</td><td>10 分</td><td></td><td></td><td></td></tr>
<tr><td>责任意识、服从意识</td><td>10 分</td><td></td><td></td><td></td></tr>
<tr><td>学习态度主动，积极参加活动</td><td>10 分</td><td></td><td></td><td></td></tr>
<tr><td>回答问题</td><td>10 分</td><td></td><td></td><td></td></tr>
<tr><td rowspan="3">专业能力考核项目 60%</td><td>书写程序规范、正确</td><td>20 分</td><td></td><td></td><td></td></tr>
<tr><td>掌握继承的应用</td><td>20 分</td><td></td><td></td><td></td></tr>
<tr><td>掌握多态的应用</td><td>20 分</td><td></td><td></td><td></td></tr>
<tr><td colspan="3">总分</td><td></td><td></td><td></td></tr>
<tr><td>总分</td><td>自评（20%）＋互评（20%）＋师评（60%）</td><td>综合等级</td><td></td><td></td><td></td></tr>
</table>

项 目 小 结

本项目介绍了面向对象编程的相关知识，包括类的定义、对象的创建、对象的使用、类的继承、子类和父类的关系等。定义类的方法是使用 class 关键字，根据类可以创建对象，对象又称为类的实例，在创建对象时自动调用类的 __init__() 方法，如果有参数还需要传入参数。一个类可以被继承产生派生类，派生类又称为子类，被派生的类被称为基类或父类。子类可以重用父类中的属性和非私有方法，子类中的方法还会覆盖父类中的同名方法，在子类的方法中需要通过父类名访问父类中的同名方法。

思考与练习

一、单项选择题

1．定义类时要使用关键字（　　）。

A．method　　B．class　　C．def　　D．None

2．定义类的方法时，第一个参数必须是（　　）。

A．__name__　　B．__str__　　C．self　　D．pass

3．对于类的描述，正确的是（　　）。

A．必须用 __new__() 方法初始化对象

B．根据实际需求创建多个对象

C．定义于类的方法必须由类本身来调用

D．使用 __init__() 方法来创建对象

4．就 Python 继承而言，下列叙述正确的是（　　）。

A．以单一继承机制为主

B．派生类表示它是被继承的类

C．子类可以覆盖父类的方法

D．子类可以使用 __class__ 记录父类属性

二、实训题

1．定义一个类，必须使用 __new__()、__init__()、__del__() 三个方法。

2．定义一个类名称，并以特性来存取属性。

项目九 日化销售数据分析综合实例

知识目标

★ 掌握用 Python 解决实际问题的方法。
★ 掌握 Python 可视化的方法。

技能目标

★ 能熟练应用 Python 解决实际问题。
★ 能熟练运用 Python 实现可视化。

素质目标

★ 培养工匠精神和创新精神。
★ 能熟练解决程序中遇到的问题。

一、项目背景

1. 背景

日用化学品行业是指人们平日常用的科技化学制品。随着经济的飞速发展和人民生活水平的不断提高，依托着庞大的人口基数，中国已经成为了全球最大的日化消费品市场之一，与此同时日化行业与人们的文明健康生活密切相关，日化产品已成为人们生活中的必需品，整个行业对国家的贡献很大。历经市场化历练的日化产业已经跨过一个新的大拐点，竞争更激烈、集中度更高的第二次革命已经开始。这个拐点并非伴随着大事件的到来，而是多方力量长期博弈的结果，既终结了行业的传统格局，也宣告了产业新时代的到来。

因此，掌握日化行业的情况以及未来的走势发展，对于商家、经营者来说，无疑是非常重要的。

2. 目标

本综合实例通过 A 省和 B 省的日化销售数据进行分析，从销售金额挖掘出 AB 两省之间的销售数据情况；从品牌观察 AB 两省较受欢迎的产品情况，为未来日化产品采购及营销策略提供决策依据。

二、项目描述

数据集包含 A 省和 B 省的日化行业销售数据信息。两个信息表记录的是两省相同指标的日化销售数据，包括销售额、销售数量、销售成本、包装单位和商品创建时间等共 100 个字段信息。

由于字段信息过多，且部分字段对本次分析并无直接的关系，因此，选择与问题相关的字段（如经营单位、商品品牌、商品税收名称、销售小包装数量、销售成本、销售额和最后更新时间）7 个字段进行说明。A、B 两省日化销售数据信息字段说明如表 9-1 所示。

表 9-1　A、B 两省日化销售数据字段

字段	描述
经营单位	经营公司名称
商品品牌	品牌名称
商品税收名称	商品所属的类别
销售小包装数量	售出的数量
销售成本	所需的成本
销售额	售出的金额
最后更新时间	商品售卖时间

三、项目需求分析

对 A、B 两省日化销售数据的分析，主要步骤如下。

（1）获取原始数据，进行数据概括。

（2）在 Python 中对原始数据进行数据预处理，包括缺失值处理、特征字段提取与处理等。

（3）在利润分析方面，对 A、B 两省销售额、成本、利润统计分析，并形成饼状图。

（4）在销售数量方面，将 A、B 两省日化行业销售总数量对比分析，并形成环形图。

（5）在品牌方面，通过统计品牌名出现次数来分析品牌的受欢迎程度。

本实例实施过程的总流程图如图 9-1 所示。

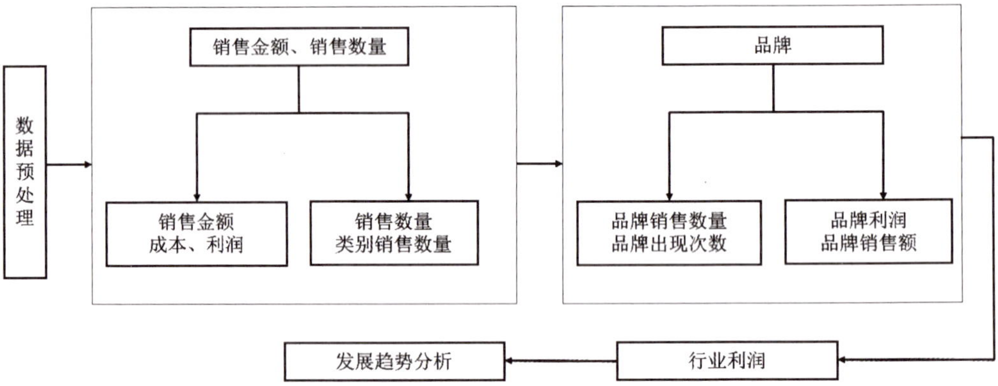

图 9-1　分析流程图

四、项目数据预处理

1. 数据概括

分析对比 A、B 两省日化行业销售信息数据的总体概况。通过 info() 函数分析数据在索引、字段、数据量和数据类型上的异同。在 Python 中导入数据，并进行数据概况分析，数据基本信息概括如以下代码所示：

```
import pandas as pd
import numpy as np
data1=pd.read_excel('../ 原始数据 /A.xls')
data2=pd.read_excel('../ 原始数据 /B.xls')
# 一、数据概括
print(data1.info(verbose=False))
print(data2.info(verbose=False))
```

运行代码所得结果如下：

```
<class 'pandas.core.frame.DataFrame'>
RangeIndex: 4322 entries, 0 to 4321
Columns: 100 entries, 平台 to 商品主数据导入次数
dtypes: datetime64[ns](2), float64(52), int64(9), object(37)
memory usage: 3.3+ MB
None
<class 'pandas.core.frame.DataFrame'>
RangeIndex: 7051 entries, 0 to 7050
Columns: 100 entries, 平台 to 商品主数据导入次数
dtypes: datetime64[ns](2), float64(54), int64(7), object(37)
memory usage: 5.4+ MB
None
```

由运行代码所得结果可知，A、B 两省的总数据量相差将近 3000 条数据，A 省数据文件 A.xls 和 B 省数据文件 B.xls 中含有“平台”“商品主数据导入次数”列等共 100 列。其中 A 省每一列有 4322 条数据信息，B 省每一列有 7051 条数据信息，且两省销售数据均包含时间类型、数据型和字符型 3 类数据类型。

2. 缺失值处理

采用 isnull() 函数查看 A、B 两省日化销售数据缺失情况，查看数据缺失情况如以下代码所示：

```
# 查看数据缺失情况
print("A 数据缺失情况 :",data1.isnull().sum())
print("B 数据缺失情况 :",data2.isnull().sum())
```

运行代码所得部分结果如下：

```
A 数据缺失情况 : 平台              0
经营单位          0
项目            0
...
商品与主数据转换率关系      2
商品主数据导入次数      1451
Length: 100, dtype: int64
B 数据缺失情况 : 平台              0
经营单位          0
项目            0
...
商品主数据整合数据时       9
商品与主数据包装关系      20
商品与主数据转换率关系      20
商品主数据导入次数      1245
Length: 100, dtype: int64
```

由运行代码所得结果可知，A、B 两个省的原始数据存在将近 40 列的全空列。因此，此处对缺失值选择删除处理，删除缺失值如以下代码所示：

```
# 删缺全空列
data1=data1.dropna(axis=1,how='all')
data2=data2.dropna(axis=1,how='all')
```

3. 特征字段提取与处理

在删除全空的缺失值之后，发现数据中存在许多与后续统计分析无关的字段，因此，选择直接提取与本次日化行业销售数据分析存在较大关联的字段，共提取 10 个字段，并对提取字段之后的 B 省所缺失的 2 行缺失值直接进行删除操作，字段提取与处理如以下代码所示。

```
#2. 提取相关变量
zj_data=pd.DataFrame(data1[[' 经营单位 ',' 商品品牌 ',' 商品税收名称 ',' 销售小包装数量 ',' 销售成本 ',' 销售额 ',' 最后更新时间 ']])
js_data=pd.DataFrame(data2[[' 经营单位 ',' 商品品牌 ',' 商品税收名称 ',' 销售小包装数量 ',' 销售成本 ',' 销售额 ',' 最后更新时间 ']])
print(zj_data.iloc[:5,:])
#3. 处理缺失值（经观察发现：重新提取的 AB 两省数据中仅 B 省数据的商品税收名称存在 2 个缺失值，远远小于 0.01%。因此，此处缺失值选择删除处理）
zj_mis_val_percent = 100 * zj_data.isnull().sum() / len(zj_data)   # 各个字段的缺失值比例
js_mis_val_percent = 100 * js_data.isnull().sum() / len(js_data)
ZJ_data=pd.DataFrame(zj_data.reset_index(drop=True))
JS_data=pd.DataFrame(js_data.dropna(axis=0,how='any').reset_index(drop=True))
```

4. 商品分类特征构建

为更详细地进行 A、B 两省日化行业销售数据分析，针对日化行业的商品品牌进行日化类别的分类，即化妆品类、洗涤用品类、口腔用品类、香味 / 除臭剂类、驱虫灭害类、纺织品 / 塑料类、毛巾 / 手帕 / 布类、其他类和无关类共 9 类。其中，无关类是与日化行业无关的商品，因此，在分类好后，需将属于无关类标签的所有行进行删除，商品分类如以下代码所示。

```
#4. 根据 ' 商品税收名称 ' 进行产品分类，共 9 类
def name_cof(product):
    Goods_name=[]
    for i in range(len(product)):
        s=product.iloc[i]
        if isinstance(s,str):
            if ' 化妆品 ' in s or ' 乳 ' in s:
                Goods_name.append(' 化妆品类 ')
            elif ' 洗涤剂 ' in s or ' 皂 ' in s or ' 去污粉 'in s:
                Goods_name.append(' 洗涤用品类 ')
            elif ' 口腔 'in s or ' 牙膏 'in s or ' 漱口 ' in s:
                Goods_name.append(' 口腔用品类 ')
```

```
        elif '香' in s or '臭' in s:
            Goods_name.append('香味 or 除臭剂类')
        elif '消毒' in s or '剂' in s:
            Goods_name.append('驱虫灭害类')
        elif '纺织' in s or '丝织' in s or '塑料' in s or '袋' in s or '包' in s or '衣' in s or '裤' in s or
            '刷子' in s:
            Goods_name.append('纺织品 or 塑料类')
        elif '毛巾' in s or '纸' in s or '册' in s:
            Goods_name.append('毛巾 or 手帕 or 布类')
        elif '酒' in s or '饮料' in s or '果' in s or '饮料' in s or '饼干' in s or '罐头' in s or '巧克力'
            in s or '家用' in s or '食' in s or '蜜饯' in s or '糖' in s or '植物' in s or '茶' in s or '器'
            in s or '陶' in s or '瓷' in s or '调味' in s:
            Goods_name.append('无关类')
        else:
            Goods_name.append('其他类')
    else:
        Goods_name.append('其他类')
    return Goods_name
PZname=name_cof(ZJ_data['商品税收名称'])
PZname=pd.DataFrame(PZname,columns=['商品类别'])
ZJ_data=pd.concat([ZJ_data,PZname],axis=1)

PJname=name_cof(JS_data['商品税收名称'])
PJname=pd.DataFrame(PJname,columns=['商品类别'])
JS_data=pd.concat([JS_data,PJname],axis=1)

#5. 删除"无关类"所在的所有行
ZJ_data=ZJ_data.drop(ZJ_data[ZJ_data['商品类别']=='无关类'].index)
JS_data=JS_data.drop(JS_data[JS_data['商品类别']=='无关类'].index)
```

5. 数据保存

将经数据处理后所得的最终数据进行保存，数据保存如以下代码所示：

```
#6. 保存最终处理后的数据
ZJ_data=pd.DataFrame(ZJ_data)
JS_data=pd.DataFrame(JS_data)
ZJ_data.to_csv('中间数据/A日化销售数据.csv',index=0,encoding='gbk')
JS_data.to_csv('中间数据/B日化销售数据.csv',index=0,encoding='gbk')
```

五、项目数据分析

1. A、B两省销售额、成本、利润分析

根据销售额字段，分别统计A、B两省日化行业的总销售额、成本和利润（新建

特征列），并进行分析。A、B 两省销售额、成本、利润统计分析代码如以下所示：

```
#1. 读取经处理后的两省数据
import pandas as pd
import numpy as np
ZJ_data=pd.read_csv(open('../ 中间数据 /A 日化销售数据 .csv'))
JS_data=pd.read_csv(open('../ 中间数据 /B 日化销售数据 .csv'))
#2. 先计算出 AB 两省的联合指标：利润
ZJ_data[' 利润 ']=ZJ_data[' 销售额 ']-ZJ_data[' 销售成本 ']
JS_data[' 利润 ']=JS_data[' 销售额 ']-JS_data[' 销售成本 ']
#3. 自定义函数绘图：对比两省的总销售额、成本、利润
from pyecharts import options as opts
from pyecharts.charts import Pie
def  picture_all(choose, values1, values2, values3, name):
    c = (
        Pie()
        .add(
            "",
            [list(z) for z in zip(choose, values1)],
            radius=60,
            center=["30%", "20%"],
            label_opts=opts.LabelOpts(
                position="outside",
                background_color="#eee",
                border_color="#aaa",
                border_width=1,
                border_radius=4,
            ),
        )
        .add(
            "",
            [list(z) for z in zip(choose, values2)],
            radius=60,
            center=["60%", "20%"],
            label_opts=opts.LabelOpts(
                position="outside",
                background_color="#eee",
                border_color="#aaa",
                border_width=1,
                border_radius=4,
            ),
        )
        .add(
            "",
            [list(z) for z in zip(choose, values3)],
```

```
        radius=60,
        center=["30%", "60%"],
        label_opts=opts.LabelOpts(
            position="outside",
            background_color="#eee",
            border_color="#aaa",
            border_width=1,
            border_radius=4,
        ),
    )
    .set_global_opts(title_opts=opts.TitleOpts(title=" 销售额、销售成本、利润 "),
    legend_opts=opts.LegendOpts(type_="plain", pos_left="15", orient="vertical",
                    textstyle_opts=opts.TextStyleOpts(font_size=20)))
    .set_series_opts(label_opts=opts.LabelOpts(formatter="{b}:{d}%"))
)
c.options['title'].opts = sum([opts.TitleOpts(title=' 销售额 ',pos_left='26%',pos_top='35%').opts,
                opts.TitleOpts(title=' 销售成本 ',pos_left='56%',pos_top='35%').opts,
                opts.TitleOpts(title=' 利润 ',pos_left='26%',pos_top='75%').opts,],[])
c.render('../ 中间数据 /'+name+".html")

#AB 两省销售额、成本、利润
c=['A','B']
v1=[ZJ_data[' 销售额 '].sum(),JS_data[' 销售额 '].sum()]
v2=[ZJ_data[' 销售成本 '].sum(),JS_data[' 销售成本 '].sum()]
v3=[ZJ_data[' 利润 '].sum(),JS_data[' 利润 '].sum()]
picture_all(c,v1,v2,v3,'AB 两省总销售额、成本、利润占比图 ')
```

运行结果如图 9-2 所示。

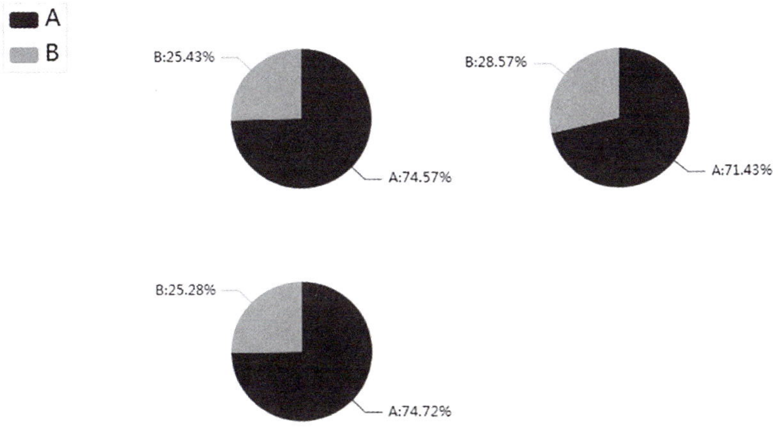

图 9-2 运行结果

由运行结果可以看出，A 省日化行业的销售额、利润的占比约为 75%，而 B 省日化行业的销售额与利润为 25%，远小于 A 省的占比份额。而在销售成本方面，A 省日化行业的销售成本约为 71%，远大于 B 省日化行业的 28% 的占比。

综合运行结果可以看出，A、B 两省日化行业在销售额、成本和利润方面都存在着较为明显的差异，销售额、成本和利润 3 个方面上的对比几乎都有着 3 倍的差异，但从 A、B 两省的单方发展情况来看，其销售额与利润都多于成本的 2 倍。因此，总体来看，A 省日化行业的总体销售金额更为可观、良好。

2. A、B 两省销售数量、类别数量分析

根据“销售小包装数量”字段，分别统计 A、B 两省日化行业的总销售数量，并绘制占比图进行分析，A、B 两省销售总数量分析如以下代码所示：

```
#4.1 A、B 两省总类别销售数量
all_s=pd.DataFrame(np.vstack((ZJ_data[' 销售小包装数量 '].sum(),JS_data[' 销售小包装数量 '].sum())))
all_s.columns = [' 总销售数量 ']

#4.2 A、B 两省每个类别的销售数量
a=ZJ_data[" 商品类别 "].unique()
def all_a(da,f):
    m=[]
    for i in range(len(a)):
        aa=da.iloc[da[' 商品类别 '].values==a[i],f].sum()
        m.append(aa)
    return m
m1=all_a(ZJ_data,3)
m2=all_a(JS_data,3)
m1=pd.concat((pd.DataFrame(a),pd.DataFrame(m1)),axis=1)
m2=pd.concat((pd.DataFrame(a),pd.DataFrame(m2)),axis=1)
m1.columns = [' 商品类别 ',' 销售总数 ']
m2.columns = [' 商品类别 ',' 销售总数 ']
#5.1 A、B 两省销售总数量
from pyecharts import options as opts
from pyecharts.charts import Pie
from pyecharts.faker import Faker
c = (
    Pie()
    .add(
        "",
        [list(z) for z in zip(['A','B'],all_s[' 总销售数量 '].tolist())],
        radius=["40%", "55%"],
        label_opts=opts.LabelOpts(
            position="outside",
            formatter=" 数量 \n{hr|}\n {b|{b}: }{c}  {per|{d}%}  ",
            background_color="#eee",
            border_color="#aaa",
            border_width=1,
```

```
                border_radius=4,
                rich={
                    "a": {"color": "#999", "lineHeight": 22, "align": "center"},
                    "abg": {
                        "backgroundColor": "#e3e3e3",
                        "width": "100%",
                        "align": "right",
                        "height": 25,
                        "borderRadius": [4, 4, 0, 0],
                    },
                    "hr": {
                        "borderColor": "#aaa",
                        "width": "100%",
                        "borderWidth": 0.5,
                        "height": 0,
                    },
                    "b": {"fontSize": 16, "lineHeight": 33},
                    "per": {
                        "color": "#eee",
                        "backgroundColor": "#334455",
                        "padding": [2, 4],
                        "borderRadius": 2,
                    },
                },
            ),
        )
        .set_global_opts(title_opts=opts.TitleOpts(title="AB 两省销售总数量 "))
        .render("../ 中间数据 /AB 两省日化行业销售总数量对比 .html")
)
```

运行结果如图 9-3 所示。

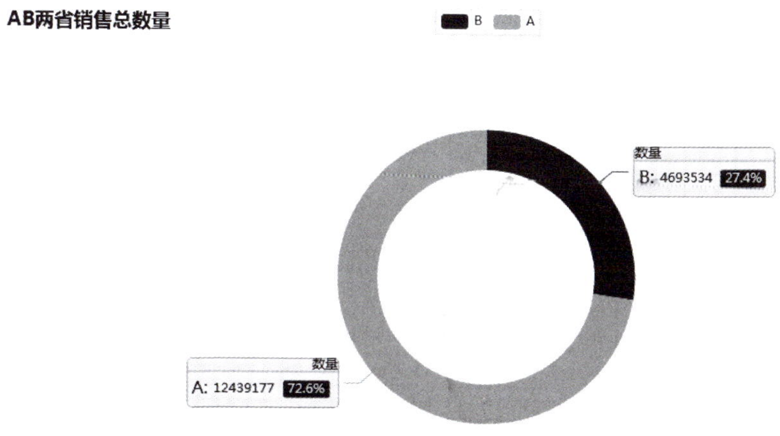

图 9-3　运行结果

由运行结果可看出，A 省日化行业的总销售数量为 12439177，占比约为 72%，B 省日化行业的总销售数量为 4693534，占比约为 27%，其中，A 省的销售数量约为 B 省的 2.6 倍。

3. AB 两省品牌名出现次数

根据 A 省日化产品销售数据信息，提取“商品品牌”字段，统计 A 省日化行业的商品品牌名出现次数，但由于商品品牌过多，此步骤只取品牌名出现次数为前 20 名的品牌进行分析，A 省日化产品品牌名出现次数分析如以下代码所示：

```
#1. AB 两省前 20 品牌名词云图
zj_Brand=ZJ_data[" 商品品牌 "].value_counts()[:20]
js_Brand=JS_data[" 商品品牌 "].value_counts()[:20]
#1.1 绘制 AB 两省前 20 品牌出现次数词云图
from pyecharts.charts import WordCloud
from pyecharts.globals import SymbolType
def word_name(a1,a2,a3,a4,a5,a6,a7,a8,a9,a10,a11,a12,a13,a14,a15,a16,a17,a18,a19,a20,v1,v2,v3,v4,
v5,v6,v7,v8,v9,v10,v11,v12,v13,v14,v15,v16,v17,v18,v19,v20,name):
    words = [
        (a1, v1),
        (a2, v2),
        (a3, v3),
        (a4, v4),
        (a5, v5),
        (a6, v6),
        (a7, v7),
        (a8, v8),
        (a9,v9),
        (a10, v10),
        (a11, v11),
        (a12, v12),
        (a13, v13),
        (a14, v14),
        (a15, v15),
        (a16, v16),
        (a17, v17),
        (a18, v18),
        (a19, v19),
        (a20, v20),
    ]
    c = (
        WordCloud(init_opts=opts.InitOpts(width="600px",height="400px"))
        .add("", words, word_size_range=[20, 70], shape=SymbolType.DIAMOND)
        .set_global_opts(title_opts=opts.TitleOpts(title=name))
        .render('../ 中间数据 /'+name+".html")
    )
```

```
#AB 两省排名前 20 品牌词云图
word_name('ABC',' 六神 ',' 奥妙 ',' 力士 ',' 白猫 ',' 清风 ',' 苏菲 ',' 清扬 ',' 多芬 ',' 强生 ',' 白云 ',' 中华 ',
' 景兴 ',' 美加净 ',' 白云纸业 ',' 云南白药 ','Free',' 黑猫神 ',' 金纺 ',' 妈咪宝贝 ',317,315,304,303,278,
255,239,215,182,128,125,125,123,121,97,92,77,75,72,72,'A 省前 20 商品品牌出现次数词云图 ')
```

运行结果如图 9-4 所示，显示了 A 省前 20 商品品牌出现次数的词云图。

图 9-4　A 省日化行业品牌名词云图

在销售数据信息中，A 省日化行业商品品牌涉及最多的是 ABC、力士、白猫、奥妙和六神等。

对 B 省日化行业的商品品牌名出现次数为前 20 名的品牌进行分析，B 省日化产品品牌名出现次数分析如以下代码所示：

```
word_name(' 奥妙 ',' 力士 ',' 相宜本草 ',' 清扬 ',' 多芬 ',' 中华 ','ABC',' 丸美 ',' 金纺 ',' 曼秀雷敦 ',' 理
肤泉 ','ELLEgirl',' 薇姿 ',' 六神 ',' 联合利华 ',' 好奇 ','AHC',' 雅漾 ',' 黑人 ',' 夏士莲 ',569,541,507,391,
311,221,170,156,152,143,135,134,115,105,104,104,81,80,75,69,'B 省前 20 商品品牌出现次数词云图 ')
```

运行结果如图 9-5 所示，显示了 B 省前 20 商品品牌出现次数的词云图。

图 9-5　B 省日化行业品牌名词云图

在销售数据信息中，B 省日化行业商品品牌涉及最多的是奥妙、相宜草本、力士、清扬和多芬等。

项 目 小 结

本项目详细介绍了如何用 Python 进行销售数据的分析，并将数据实现可视化。通过本项目的学习，读者可以掌握用 Python 分析问题的步骤和方法，有助于更好地解决实际问题。

思考与练习

实训题

某公司 2020 年 1 月份出库作业的数据如下表所示，请分析各个货品的出库量占比并实现可视化。

1 月份出库作业数据

货品编码	货品名称	出库量（箱）
6913221010106	金多多婴儿营养米粉	473
6932010061826	婴儿湿巾	3
6918010061360	休闲黑瓜子	109
6918011061360	隆达葡萄籽油	11
6932425987656	兴华苦杏仁	343
6932010061976	云南优质小粒咖啡	14
6944848450350	雅比沙拉酱	3
6932010061884	好哇哇薯片	10
6932010061891	脆香饼干	57
6942425987624	鑫利达板栗	112
6932010061921	可口年糕	6
6944848456350	万盛牌瓷砖	2

参 考 文 献

[1] 刘凡馨，夏帮贵．Python 3 基础教程 [M]．2 版．北京：人民邮电出版社，2020．

[2] 吴惠茹．从零开始学 Python 程序设计 [M]．北京：机械工业出版社，2018．

[3] 嵩天，礼欣，黄天羽．Python 语言程序设计基础 [M]．北京：高等教育出版社，2019．

[4] 董付国．Python 程序设计 [M]．3 版．北京：清华大学出版社，2021．

[5] 卢凤伟．Python 程序设计项目化教程 [M]．北京：中国水利水电出版社，2022．